Unsere
Blumen nach
Blüten *bestimmen*

DR. ECKART POTT

Unsere
Blumen nach
Blüten *bestimmen*

Erkennen auf einen Blick

Blumen überall

Ein Spaziergang oder eine Wanderung, ohne dass man »am Wegesrand« irgendwelche Wildblumen sehen würde? Kaum denkbar! Tatsächlich gibt es nur ganz wenige Stellen, wo sie nicht wachsen (können).

In unserer nächsten Umgebung ist zu beobachten, wie schnell die Besiedelung von rohen Flächen vor sich geht: Schon nach kurzer Zeit sprießen die ersten Pflanzen aus einem bei Bauarbeiten um und um geschichteten Boden. Auf frisch gepflügten Äckern ist das kaum anders, und die Landwirte sind gezwungen, die »lästigen Unkräuter« als Konkurrenten der angebauten Pflanzen niederzuhalten. Auf Wiesen und Weiden dieselbe Situation: Die Bauern wollen das Gras für ihr Vieh, Wildblumen als Konkurrenten sind unerwünscht. Kurz: In unserer intensiv genutzten Kulturlandschaft sind - trotz allem - viele Wildblumen zu sehen. Viele sind aber auch zurückgedrängt worden oder bereits verschwunden.

Lohnende Ziele für botanische Streifzüge stellen natürlich auch die Laub- und Mischwälder dar. Dort sind zeitig im Jahr die Frühblüher zu bewundern, die stellenweise den Waldboden völlig bedecken. Am Rand intakter Gewässer findet man eine interessante Zonierung von Ufer- und Wasserpflanzen. An der Küste wiederum gedeiht eine artenreiche Pflanzenwelt aus Salz ertragenden Arten. Vor allem in den Mittelgebirgen gibt es auf relativ trockenen Standorten Wiesen mit manch seltener Art. Und in den Alpen belohnt eine Vielfalt schöner Bergblumen den oft mühsamen Aufstieg zu einem Gipfel.

Wiese mit Wiesen-Storchschnabel, Wiesen-Kerbel und Scharfem Hahnenfuß.

Ob Brachland oder naturnaher Lebensraum – überall sind schöne und interessante botanische Entdeckungen zu machen. Man muss nur genau hinsehen!

Wissenswertes zu Wildblumen

Das Pflanzenreich setzt sich aus vielen unterschiedlichen Formen zusammen. Etwas vereinfacht betrachtet, sind folgende Gruppen zu nennen: Algen, Moose, Bärlappe, Schachtelhalme, Farne und Blüten-/Samenpflanzen. Alle Wildblumen sind in letztere Gruppe einzuordnen.

Die Blüten- oder Samenpflanzen weisen als wesentliches Merkmal eine Gliederung in Wurzel und Spross auf. Die Wildblumen sind krautige Pflanzen – auch wenn einzelne Arten verholzte Stängelabschnitte aufweisen (z. B. Thymian). Die einen Pflanzen sind einjährig, d. h. im Lauf eines Jahres keimen sie aus den Samen, entwickeln sich, blühen, bilden ihrerseits Samen und sterben dann ab. Die anderen sind zwei- bis mehrjährig: Bei ihnen erstrecken sich die genannten Lebensvorgänge über zwei bis mehrere Jahre. Wieder andere krautige Pflanzen können noch längere Zeiträume überdauern.

Der Spross trägt die Blätter und die Blüten. Die Blüten sind mal mehr, mal weniger auffällig gebaut und gefärbt. Sie werden von Insekten (bisweilen auch von anderen Tieren) oder vom Wind bestäubt. Nach der Blüte bilden sich Früchte und Samen aus, über die die Ausbreitung der Art erfolgt. Einige sind mit Flugapparaten ausgestattet und werden vom Wind oft weit verweht. Andere haben Widerhaken, mit denen sie im Fell von Säugetieren oder im Gefieder von Vögeln hängen bleiben und so verfrachtet werden. Wieder andere Pflanzen schleudern ihre Samen mit Hilfe spezieller Mechanismen von sich weg. Und es gibt Samen, die schwimmen können und auf dem Wasserweg verdriftet werden.

Samenpflanzen lassen sich in die beiden großen Gruppen der Nacktsamer und der Bedecktsamer untergliedern. Die Wildblumen gehören zu letzterer Gruppe. Die Bedecktsamer werden wiederum in zwei Gruppen geteilt:

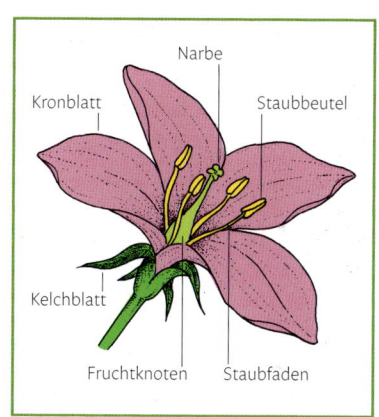

Typische Teile einer Blüte.

Die Zweikeimblättrigen Bedecktsamer haben – wie ihr Name sagt – Keimlinge mit zwei Keimblättern. Ihre einfachen oder zusammengesetzten Blätter weisen meist eine netzartige Anordnung der Gefäße (Blattadern) auf. Der Spross kann krautig oder verholzt sein. Die Blütenorgane sind meist in 5-zähligen Kreisen angeordnet. Häufig ist die Blütenhülle in Kelch und Krone gegliedert (siehe Zeichnungen).

Die Keimlinge der Einkeimblättrigen Bedecktsamer haben demgegenüber nur ein einziges Keimblatt. In den meist einfachen Blättern zeigen sie – bis auf wenige Ausnahmen – eine parallele Aderung oder Nervatur. Der Spross ist meist krautig. Für die meisten Einkeimblättrigen sind 3-zählige Blütenkreise charakteristisch. Die Blütenhülle ist nur selten in Kelch und Krone gegliedert; Botaniker sprechen von einem Perigon.

Pflanzen bestimmen

Eigentlich ist es relativ leicht, die häufigsten Wildblumen zu bestimmen, und Sie brauchen dazu auch keine umfangreichen botanischen Kenntnisse. Wenn man sich zur Blütezeit mit ihnen beschäftigt, bietet sich als unübertroffen einfache Methode an, sie anhand der Blütenfarbe zu charakterisieren – wie es in diesem Naturführer geschieht.

Als weitere Merkmale kann man die Form und die Größe der Blüten und die Form (sowie die Größe) der Blätter heranziehen (siehe Zeichnungen). Auf letztere Merkmale ist man sogar angewiesen, wenn man die Pflanzen vor oder nach der Blütezeit antrifft.

Bei der Bestimmung der Wildblumen stellen sich also die folgenden einfachen Fragen:

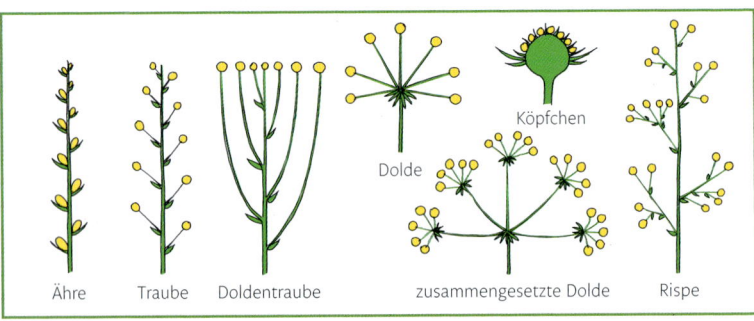

Häufig vorkommende Blütenstände (gelb die Einzelblüten).

Blatt einfach

| linealisch | lanzettlich | elliptisch | nierenförmig | herzförmig |

| pfeilförmig | fiederspaltig | gelappt | handförmig geteilt |

Blattrand

| ganzrandig | gesägt | gezähnt | gekerbt | gebuchtet |

Blatt zusammengesetzt

| paarig gefiedert | unpaarig gefiedert | fingerförmig |

Im Text verwendete Begriffe zu Blattformen und Blatträndern.

- Welche Farbe haben die Blüten?

Und dann:

- Welche Form (und Größe) haben die Blüten? Ist die Blüte in Kelch und Krone gegliedert oder nicht?
- Wie viele Blütenblätter sind vorhanden? Wie stehen sie zueinander?
- Stehen die Blüten einzeln oder sind sie in Blütenständen zusammengefasst?
- Welche Form (und Größe) haben die Blätter? Wie sieht ihre Aderung/ Nervatur aus? Wie ist der Blattrand beschaffen?

- Kann man Grundblätter und Stängelblätter unterscheiden? Wie sind sie jeweils angeordnet?

Zur Bestimmung von Wildblumen wird der Naturfreund in jedem Fall zu einem Bestimmungsbuch wie diesem Naturführer greifen. Ein Buch mit Fotos und/oder Zeichnungen bietet sich an, weil man über einen Vergleich mit den dortigen Abbildungen ziemlich schnell und zuverlässig zu einer Diagnose kommt. Natürlich sollten Sie das Buch draußen dabeihaben; damit lässt sich aber auch zu Hause ein »Trockentraining« machen, sodass man »vor Ort« dann schon einigermaßen orientiert ist.

Ein Tipp: Im Natur- und Umweltschutz tätige Vereine etc. bieten oft botanische Wanderungen an, auf denen man eine Menge lernen kann - sei es, um lediglich die eigenen Kenntnisse zu erweitern, sei es, um zukünftig auf die bohrenden Fragen von Kindern eine Antwort parat zu haben.

So benutzen Sie dieses Buch

Dieser Naturführer ist so angelegt, dass Sie schnell und zuverlässig zu befriedigenden Bestimmungen der häufigsten Wildblumen Mitteleuropas kommen können. Sie müssen lediglich entscheiden, welche Farbe die Blüten der vorgefundenen Wildblumen haben - und dann brauchen Sie nur auf den **Bestimmungsseiten 14 bis 25** optisch zu vergleichen, um herauszufinden, welche Art vorliegt. Die Gliederung:

- Blüten weiß gefärbt
- Blüten gelb gefärbt
- Blüten rosa oder rot gefärbt
- Blüten blau, lila oder violett gefärbt
- Blüten unscheinbar (= grün oder braun) gefärbt

Von Fall zu Fall mögen sich Zweifel bei der Einordnung ergeben, etwa bei an sich weißen Blüten, die nur ganz schwach gelblich, rötlich oder bläulich überhaucht sind. Zudem gibt es Pflanzen, deren Blütenfarbe von Exemplar zu Exemplar bzw. während der Blütezeit variiert. Sollten Sie fallweise nicht zu einem Ergebnis kommen, sehen Sie bitte unter einer anderen Blütenfarbe nach. Beispielsweise kann das Wiesen-Schaumkraut (*Cardamine pratensis*, siehe S. 101) fast weiße, hell rosafarbene oder auch hell violette Blüten haben, das Echte Lungenkraut (*Pulmonaria officinalis,* siehe S. 152) trägt oft rötliche und bläuliche gleichzeitig.

Der auf die Bestimmungsseiten folgende Teil mit den ausführlichen Beschreibungen der einzelnen Arten ist ebenfalls nach diesen Blütenfarben gegliedert (farbliche Markierung in der Kopfzeile) und einheitlich aufgebaut:

In der Überschrift steht der allgemein übliche deutsche Name der Blume, in einigen Fällen auch ein gebräuchlicher Zweitname. Unter dem/den deutschen Namen finden Sie den wissenschaftlichen Namen der Art. Sollten in der Schweiz oder in Österreich andere/weitere deutsche Namen gebräuchlich sein, sind diese in der Beschreibung unter »Wissenswertes« aufgeführt.

Im »Kurzcheck«-Kasten sind die nach der Blütenfarbe wichtigsten wesentlichen Merkmale herausgestellt: die Größe der Pflanze insgesamt, die Größe der Blüten bzw. des Blütenstandes und die Form der Blätter. Wo möglich/nötig, finden Sie hier auch Angaben zur Einordnung der betreffenden Art in die Gefährdungskategorien der Roten Liste von Deutschland (!) und ob die Art nach der deutschen Bundesartenschutzverordnung – besonders oder streng – geschützt ist. Weiter ist angegeben, ob die Pflanze giftig ist oder ob es sich um eine Heilpflanze handelt. »Heilpflanze« ist allerdings ein ziemlich dehnbarer Begriff, und viele »alte« Heilpflanzen sind heute nicht mehr als solche in Gebrauch. Auf der Zeitleiste ist herausgehoben, wann die betreffende Pflanze blüht. Insgesamt ist der »Kurzcheck«-Kasten dazu gedacht, die Bestimmung anhand der Blütenfarbe abzusichern – und das rasch und unkompliziert.

Auch der an Gewässern verbreitete Blut-Weiderich ist eine alte Heilpflanze.

Wer dann mehr über die Pflanze wissen will, kann in der Beschreibung der Art nachlesen: Unter dem Stichwort »Merkmale« finden Sie Angaben, die direkt zur Bestimmung wichtig sind. Bei manchen Pflanzen wird auf weitere Arten verwiesen, die zu Verwechslungen Anlass geben können oder einfach nur nah verwandt sind. Unter »Vorkommen« stehen Angaben zu den Standortansprüchen, zum bevorzugten Lebensraum und meist auch zur Verbreitung der betreffenden Art. Und unter »Wissenswertes« wird etwas zu den Besonderheiten der betreffenden Art gesagt. Dies kann sich auf deren systematische Einordnung beziehen, auf die Biologie der gesamten Pflanzengruppe oder auf allgemeinere Sachverhalte.

Ein (kleines!) Herbar anlegen

So mancher Blumenfreund mag versucht sein, draußen gefundene Pflanzen nach Hause mitzunehmen. Gegen einen kleinen (!), bunten Strauß ist sicher nicht viel einzuwenden – auch wenn man Blumen besser an ihrem Fundort belassen sollte und das Sträußchen natürlich auf keinen Fall seltene oder gar geschützte Arten umfassen darf (siehe die jeweiligen »Kurzcheck«-Kästen!). Zu Hause stellt man die Blumen dann in die Vase, betrachtet sie vielleicht noch mit der Lupe, aber nach einigen Tagen ist die Pracht verwelkt und reif für den Abfalleimer. Wenn Sie aber schon Blumen pflücken, könnten Sie sie auch so aufbereiten, dass Sie längere Zeit an ihnen Freude haben: Sie könnten sich ein kleines (!) Herbar anlegen.

Dazu legt man die Blume auf ein Blatt saugfähiges Papier. Dabei ist darauf zu achten, dass alle wesentlichen Teile und Merkmale gut erkennbar sind. Die Pflanze wird dann mit einer weiteren Lage Saugpapier bedeckt, darüber kommt eine Lage Zeitungspapier. Mehrere so vorbereitete Pflanzen legt man in die Presse: Dies kann eine käufliche Gitterpresse sein oder mit Löchern versehene Holzplatten (Fläche etwa 30 × 45 cm) mit einem Riemen darum herum; ein paar dicke Bücher erzielen aber denselben Effekt.

Ist die Pflanze gepresst und trocken, befestigt man sie mit kleinen Klebestreifen auf einem sauberen Blatt Papier oder dünnem Karton, das dann – versehen mit den Angaben Name der Pflanze (sinnvollerweise ergänzt durch den wissenschaftlichen Namen), Fundort, Datum und vielleicht einer kleinen Zeichnung – der Sammlung einverleibt wird.

Eine gute Alternative besteht darin, die Blumen draußen zu fotografieren – oder auch zu zeichnen oder zu malen. So kommen Sie ebenfalls zu einer schönen Sammlung, die außerdem den Vorteil hat, dass die natürlichen

Formen und Farben festgehalten sind – im Gegensatz zum »klassischen« Herbar.

Vorsicht, giftig!

Unter den krautigen Pflanzen gibt es verschiedene giftige Arten, die man selbst kennen sollte. Vor allem aber sollte man sie Kindern zeigen, damit es nicht zu vermeidbaren Unglücken kommt. Und Sie sollten sie vielleicht aus dem eigenen Garten verbannen – auch wenn »Unglücke« nicht immer gleich lebensbedrohend sein müssen.

Die wesentlichen »Giftmischer« unter den Wildblumen seien hier aufgelistet (nicht alle im Buch vorgestellt): Eisenhut (*Aconitum*-Arten), Schöllkraut *(Chelidonium majus)*, Gefleckter Schierling *(Conium maculatum)*, Wasserschierling *(Cicuta virosa)*, Tollkirsche *(Atropa bella-donna)*, Bilsenkraut *(Hyoscyamus niger)*, Stechapfel *(Datura stramonium)*, Fingerhut (*Digitalis*-Arten), Herbstzeitlose *(Colchicum autumnale)*, Weißwurz (*Polygonatum*-Arten), Maiglöckchen *(Convallaria majalis)*, Einbeere *(Paris quadrifolium)* und Gefleckter Aronstab *(Arum maculatum)*.

Unter den – nicht in diesem Buch behandelten – Gehölzen ist vor allem die Eibe *(Taxus baccata)* zu nennen. Aber auch Goldregen (*Laburnum*-Arten), Stechpalme *(Ilex aquifolium)* und Kellerhals oder Gewöhnlicher Seidelbast *(Daphne mezereum)* sind giftig.

Damit die Giftigkeit einer Pflanze sofort deutlich wird, ist dieses Kriterium in die »Kurzcheck«-Kästen des vorliegenden Buches aufgenommen.

Wildblumen – schön und schützenswert

Weltweit gibt es rund 270 000 Arten von Blüten- oder Samenpflanzen. Davon sind in Deutschland rund 3000 Arten, also rund ein Prozent, zu Hause. Diese immer noch vielen Arten sind aber nicht durchweg häufig und auch keineswegs überall zu finden. Wir nutzen unsere Landschaft sehr intensiv, und dem Siedlungsbau sowie Industrieanlagen und Verkehrswegen, vor allem Straßen und Autobahnen, fallen Flächen zum Opfer. Auch Land- und Forstwirtschaft folgen weitgehend ihren Gesetzmäßigkeiten, die nur sehr bedingt die Natur erhalten. Die Konsequenz all dessen ist, dass Lebensräume verschwinden – und damit auch die dort vorkommenden Pflanzen und Tiere. So manche Art ist heute sehr selten (geworden), oder sie kommt nur (noch) in kleinen Gebieten vor. Das gilt übrigens für das gesamte dicht besiedelte Mitteleuropa.

Die als Gartenpflanze bekannte Weiße Narzisse ist in Deutschland geschützt.

Eine wichtige Informationsquelle zur Gefährdung der Natur sind die sogenannten Roten Listen. Sie zeigen auf, welche Arten in welchem Maß bedroht
sind. Die gelisteten Arten werden Gefährdungskategorien zugeordnet:

    0 – ausgestorben oder verschollen,
    1 – vom Aussterben bedroht,
    2 – stark gefährdet und
    3 – gefährdet.

Solche Listen gibt es in Deutschland (vom Bundesamt für Naturschutz
herausgegeben) für die gefährdeten Pflanzen (1974 in der BRD erstmals ver-
öffentlicht), für die gefährdeten Tiere und für die gefährdeten Biotoptypen.
Rote Listen werden aber auch für größere und für kleinere Gebiete und für
einzelne Artengruppen erstellt, z. B. die seit 1966 jährlich von der Welt-
naturschutzunion IUCN (International Union for Conservation of Nature and
Natural Resources) veröffentlichte internationale »Rote Liste gefährdeter
Arten«.
Aus den Roten Listen ist auch abzulesen, wo welcher Handlungsbedarf besteht, will man sich nicht damit abfinden, dass die Natur immer mehr zurückgedrängt wird und biologische Vielfalt verloren geht. Deshalb gibt es
vielfältige Anstrengungen zum Schutz von Arten – und vor allem zum Schutz
von Lebensräumen.

Zum einen unterliegen Arten beispielsweise in Deutschland der »Verordnung zum Schutz wild lebender Tier- und Pflanzenarten (Bundesartenschutzverordnung)«. In der Anlage 1 zur Bundesartenschutzverordnung sind die »besonders« oder »streng« geschützten Pflanzen und Tiere aufgelistet. Zum anderen gibt es für viele Arten auch eigene Förderungs- oder Managementprogramme. Artenschutz ist eng verknüpft mit dem Biotopschutz. Das heißt will man Arten schützen, muss man Lebensräume schützen. Auch hierzu existieren gesetzliche Regelungen, etwa in Deutschland das »Gesetz über Naturschutz und Landschaftspflege (Bundesnaturschutzgesetz)«; hinzu kommen Länderregelungen. In der Praxis bedeutet das, dass Gebiete unter gesetzlichen Schutz gestellt werden (können), und wohl jeder ist schon einmal in einem Naturschutzgebiet oder in einem Nationalpark unterwegs gewesen. Es kommen hier aber auch andere Initiativen zum Tragen, etwa der Ankauf von Flächen durch Naturschutzorganisationen.

Naturschutz – und damit auch der Schutz der Wildblumen – kann nur funktionieren, wenn man ihn wirklich großräumig betreibt. Deshalb gibt es auch in anderen Ländern entsprechende Gesetze, es gibt sie auf europäischer Ebene (z. B. die Flora-Fauna-Habitat- bzw. »FFH-Richtlinie«), und es gibt sie auf globaler Ebene (z. B. die Konvention von Rio, 1992, das Übereinkommen über die biologische Vielfalt).

Nicht zuletzt betrifft auch der Klimawandel das Vorkommen oder Nicht-Vorkommen von Pflanzen- und Tierarten unmittelbar, und die Verbreitungsgebiete der Arten verändern sich.

Die auffällige Trollblume ist in Deutschland gefährdet und geschützt.

Bestimmungsübersicht Blütenfarbe weiß

Weiße Taubnessel S. 26

Gem. Großer Augentrost S. 27

Knoblauchsrauke S. 28

Echte Brunnenkresse S. 29

Gew. Hirtentäschelkraut S. 30

Acker-Hellerkraut S. 31

Vogelmiere S. 32

Große Sternmiere S. 33

Traubenkropf-Leimkraut S. 34

Weiße Lichtnelke S. 35

Waldmeister S. 36

Wald-Sauerklee S. 37

Busch-Windröschen S. 38

Wasser-Hahnenfuß S. 39

Wald-Erdbeere S. 40

Gänseblümchen S. 41

Echte Kamille S. 42

Wiesen-Wucherblume S. 43

Kleinblütiges Knopfkraut S. 44

Gem. Froschlöffel S. 45

Gem. Zaunwinde S. 46

Bärlauch S. 47

Weiße Seerose S. 48

Stängellose Eberwurz S. 49

Maiglöckchen S. 50

Vielblütige Weißwurz S. 51

Frühlings-Knotenblume S. 52

Schneeglöckchen S. 53

Weiß-Klee S. 54

Ährige Teufelskralle S. 55

Echtes Mädesüß S. 56

Gem. Schafgarbe S. 57

Wilde Möhre S. 58

Geißfuß S. 59

Wiesen-Kerbel S. 60

Wiesen-Bärenklau S. 61

Bestimmungsübersicht Blütenfarbe gelb

Gew. Hornklee S. 62

Gew. Wundklee S. 63

Hopfenklee S. 64

Echter Steinklee S. 65

Gem. Leinkraut S. 66

Goldnessel S. 67

Zottiger Klappertopf S. 68

Rührmichnichtan S. 69

Sumpf-Schwertlilie S. 70

Sumpfdotterblume S. 71

Trollblume S. 72

Gelbe Teichrose S. 73

Bestimmungsübersicht Blütenfarbe gelb

Scharbockskraut S. 74

Scharfer Hahnenfuß S. 75

Schöllkraut S. 76

Gänse-Fingerkraut S. 77

Großblütige Königskerze S. 78

Gew. Nachtkerze S. 79

Tüpfel-Johanniskraut S. 80

Acker-Senf S. 81

Weg-Rauke S. 82

Scharfer Mauerpfeffer S. 83

Wechselbl. Milzkraut S. 84

Zypressen-Wolfsmilch S. 85

Bestimmungsübersicht Blütenfarbe gelb

Wald-Schlüsselblume S. 86

Wiesen-Schlüsselblume S. 87

Gem. Kreuzlabkraut S. 88

Gem. Gilbweiderich S. 89

Kanadische Goldrute S. 90

Rainfarn S. 91

Gem. Greiskraut S. 92

Kohl-Kratzdistel S. 93

Huflattich S. 94

Gem. Löwenzahn S. 95

Wiesen-Bocksbart S. 96

Wald-Habichtskraut S. 97

Hohler Lerchensporn S. 98

Gew. Erdrauch S. 99

Frühlings-Platterbse S. 100

Wiesen-Schaumkraut S. 101

Gefleckte Taubnessel S. 102

Rote Taubnessel S. 103

Feld-Thymian S. 104

Beinwell S. 105

Drüsiges Springkraut S. 106

Herbstzeitlose S. 107

Acker-Winde S. 108

Klatsch-Mohn S. 109

Ruprechtskraut S. 110

Wilde Malve S. 111

Bach-Nelkenwurz S. 112

Gew. Karthäuser-Nelke S. 113

Rote Lichtnelke S. 114

Kuckucks-Lichtnelke S. 115

Schmalbl. Weidenröschen S. 116

Blut-Weiderich S. 117

Roter Fingerhut S. 118

Wald-Ziest S. 119

Geflecktes Knabenkraut S. 120

Mücken-Händelwurz S. 121

Gem. Pestwurz S. 122

Großer Wiesenknopf S. 123

Wasser-Knöterich S. 124

Schlangen-Knöterich S. 125

Gew. Grasnelke S. 126

Wiesen-Klee S. 127

Acker-Kratzdistel S. 128

Große Klette S. 129

Gem. Flockenblume S. 130

Arznei-Baldrian S. 131

Dost S. 132

Wasserdost S. 133

Bestimmungsübersicht Blütenfarbe blau, lila, violett

Zaun-Wicke S. 134

Vogel-Wicke S. 135

Natternkopf S. 136

Wiesen-Salbei S. 137

Kriechender Günsel S. 138

Gem. Braunelle S. 139

Gundermann S. 140

Bittersüßer Nachtschatten S. 141

Gamander-Ehrenpreis S. 142

Frühlings-Enzian S. 143

Wald-Veilchen S. 144

Gew. Stiefmütterchen S. 145

Leberblümchen S. 146

Kleines Immergrün S. 147

Wiesen-Storchschnabel S. 148

Wiesen-Glockenblume S. 149

Gew. Küchenschelle S. 150

Gew. Akelei S. 151

Echtes Lungenkraut S. 152

Sumpf-Vergissmeinnicht S. 153

Wasser-Minze S. 154

Acker-Witwenblume S. 155

Kornblume S. 156

Gem. Wegwarte S. 157

Gew. Frauenmantel S. 158

Wald-Bingelkraut S. 159

Tollkirsche S. 160

Große Brennnessel S. 161

Großer Sauer-Ampfer S. 162

Gem. Beifuß S. 163

Spitz-Wegerich S. 164

Strahllose Kamille S. 165

Breitbl. Rohrkolben S. 166

Schwimm. Laichkraut S. 167

Einbeere S. 168

Gefleckter Aronstab S. 169

Weiße Taubnessel
Lamium album

Merkmale: Die Taubnesseln gehören zur Familie der Lippenblütler (Lamiaceae). Bei der Weißen Taubnessel ist die Oberlippe der Blumenkrone deutlich helmförmig ausgebildet. Die Unterlippe weist einen großen, 2-lappigen Mittelzipfel und 2 kleine Nebenzipfel auf. Der Kelch ist 5-zähnig; er besteht aus 5 zusammengewachsenen Kelchblättern. Die gro-

KURZCHECK

Wuchshöhe: 20–50 cm
Blütengröße: 20–25 mm lang
Blattform: lang zugespitzt, Rand scharf gesägt, ähnlich Brennnessel

Heilpflanze

J	F	M	A	M	J	J	A	S	O	N	D

ßen, weißen Blüten stehen in den Achseln der Blätter; sie scheinen aber quirlig angeordnet zu sein. Die Blätter sind kreuzgegenständig am 4-kantigen Stängel angeordnet, d. h. die Blätter stehen sich zu zweien gegenüber, und jedes Blattpaar steht mit dem benachbarten Paar über Kreuz.
Vorkommen: Die Weiße Taubnessel wächst truppweise auf stickstoffreichem Untergrund – an Wegrändern, an Zäunen, an Hecken und auf Schuttplätzen. Ihre Vorkommen liegen bis in 1800 m Höhe.
Wissenswertes: Taubnesseln haben keine Brennhaare, daher der Name »Taub-«nessel. Ihre Blätter erinnern aber in Form und Aderung an die der Brennnesseln, die zu einer anderen Familie gehören.

Gemeiner Großer Augentrost
Euphrasia rostkoviana

KURZCHECK

Wuchshöhe: 5-25 cm
Blütengröße: 8-12 mm lang,
 sich bis 15 mm verlängernd
Blattform: eiförmig-länglich,
 an der Spitze gezähnt

Heilpflanze

J	F	M	A	M	J	J	A	S	O	N	D

Merkmale: Der Augentrost ist eine einjährige Pflanze. Der Stängel ist flaumig behaart. Der Grund der eiförmig-länglichen Blätter umschließt den Stängel. Die Blätter sind gegenständig angeordnet. Die weißen oder blass lila Blüten mit der am Rand umgeschlagenen Oberlippe und der gelb gefleckten Unterlippe sind unverkennbar. Die Pflanze gehört zur Familie der Rachenblütler (Scrophulariaceae).

Vorkommen: Den Augentrost findet man verbreitet auf mageren Wiesen und Weiden von ebenen Lagen bis in rund 2300 m Höhe. Die Art ist in fast ganz Europa anzutreffen.

Wissenswertes: Als Halbschmarotzer kann der Augentrost noch selbst Fotosynthese durchführen, er zapft aber andere Pflanzen an, um Wasser und Nährsalze für sich abzuzweigen. Zu Heilzwecken werden die Pflanzen (ohne die Wurzeln) zur Blütezeit gesammelt und getrocknet. Der aufgegossene Tee enthält Substanzen, die gegen Bindehautentzündung, Tränensackentzündung und Heuschnupfen wirken.

Knoblauchsrauke
Alliaria petiolata

Merkmale: Der Stängel der Knoblauchsrauke ist im unteren Bereich abstehend behaart. Ein weiteres wichtiges Merkmal ist die Blattform. Zerreibt man die Blätter, kann man den typischen Knoblauchgeruch wahrnehmen (Name!). Die Pflanze gehört zur Familie der Kreuzblütlergewächse (Brassicaceae = Cruciferae). Die Blüten haben also 4 Kronblätter, die hier ziemlich klein und weiß gefärbt sind. Die zylindrischen Früchte werden 2-7 cm lang.

KURZCHECK

Wuchshöhe: 25-100 cm
Blütengröße: 3-6 mm im Durchmesser
Blattform: rundlich-herzförmig, Rand gekerbtgezähnt

J	F	M	A	M	J	J	A	S	O	N	D

Vorkommen: Verbreitet ist die Knoblauchsrauke vor allem über das mittlere und westliche Eurasien, und dort kommt sie in leicht beschatteten Unkrautfluren, am Rand von Hecken und Feldgehölzen, an Zäunen und ähnlichen Standorten bis in etwa 1000 m Höhe vor.

Wissenswertes: Aufgrund ihres Geruchs nennt man die Pflanze in Deutschland auch »Lauchkraut« und in der Schweiz »Knoblauchhederich«. Und man vermutet wohl auf Anhieb, dass man die Pflanze als Gewürz verwenden kann. Vor allem im Mittelalter wurde sie tatsächlich viel genutzt.

Echte Brunnenkresse
Nasturtium officinale

Wuchshöhe: 20-80 cm
Blütengröße: 4-6 mm im
   Durchmesser
Blattform: gefiedert

Heilpflanze

KURZCHECK

| J | F | M | A | M | J | J | A | S | O | N | D |

Merkmale: Die ausdauernde Brunnenkresse hat wechselständig angeordnete Blätter. Sie sind 3- bis 9-zählig gefiedert und bleiben den Winter über grün. Die 4 Kelch- und 4 Kronblätter stehen über Kreuz, wie es für die Kreuzblütlergewächse (Brassicaceae = Cruciferae) typisch ist. Weiter fallen die 6 Staubblätter auf, von denen die beiden äußeren kürzer als die 4 inneren sind. Die Kronblätter sind weiß, die Staubblätter gelb. Ein wichtiges Bestimmungsmerkmal sind auch die Früchte (Schoten), die bei der Reife mit 2 Klappen aufspringen.

Vorkommen: Die Brunnenkresse kommt in den gemäßigten, ozeanischen Zonen weltweit vor. Sie wächst an und in Gräben, langsam fließenden Bächen und Quellen mit kühlem, klarem Wasser. In den Bergen trifft man die Pflanze bis in 1850 m Höhe an.

Wissenswertes: Die Brunnenkresse ist eine seit langer Zeit genutzte Salat- und Heilpflanze. Die Blätter liefern einen schmackhaften, an Vitamin C reichen Salat. Die in der Pflanze enthaltenen Stoffe wirken harntreibend.

Gewöhnliches Hirtentäschelkraut

weiß *Capsella bursa-pastoris*

Merkmale: Das meist einjährige Hirtentäschelkraut ist ein häufiges »Unkraut«. Auffällig ist die grundständige Rosette aus fiederteiligen Blättern. Daraus wächst der Stängel empor, an dem unten gelappte, oben ungeteilte Blätter sitzen. Die Pflanze besitzt kleine weiße Blüten mit 4 Kelch- und 4 Kronblättern, die in einer endständigen Traube zusammengefasst sind. Sie gehört zur Familie der Kreuzblütlergewächse (Brassicaceae = Cruciferae).

KURZCHECK

Wuchshöhe: bis 40 cm
Blütengröße: Kronblätter 2–3 mm lang, doppelt so lang wie der Kelch
Blattform: fiederteilig

Heilpflanze

| J | F | M | A | M | J | J | A | S | O | N | D |

Vorkommen: Das Hirtentäschelkraut findet man verbreitet an Wegrändern, auf Äckern und auf Brachflächen. Es kommt bis in 2000 m Höhe vor und ist heute als Kulturbegleiter in den gemäßigten Zonen weltweit verbreitet.

Wissenswertes: Die Früchte sind ein ganz wichtiges Bestimmungsmerkmal bei den Kreuzblütlergewächsen. Beim Hirtentäschelkraut hat deren Form der ganzen Pflanze den deutschen Namen gegeben. In der Schweiz nennt man die Art »Gemeines Hirtentäschchen«. Die in der Pflanze enthaltenen Stoffe haben vor allem eine blutstillende Wirkung.

Acker-Hellerkraut
Thlaspi arvense

Wuchshöhe: 10-40 cm
Blütengröße: 4-6 mm im
    Durchmesser
Blattform: Grundblätter ver-
    kehrt-eiförmig, Stängelblätter
    am Grund pfeilförmig, den
    Stängel umfassend, gezähnt

KURZCHECK

| J | F | M | A | M | J | J | A | S | O | N | D |

Merkmale: Die weißen Blüten mit ihren 4 Kelch- und 4 Kronblättern sind in endständigen Trauben angeordnet. An den typischen flachen, breit geflügelten Schötchen kann man die Pflanze leicht erkennen. Sie werden 10-18 mm lang, sind fast rund und an der Spitze tief eingebuchtet. Das Hellerkraut ist in die Familie der Kreuzblütlergewächse (Brassicaceae = Cruciferae) einzuordnen.

Vorkommen: Man trifft die einjährige Pflanze auf Äckern, Getreidefeldern und Brachlandflächen bis in etwa 1500 m Höhe an, vorwiegend auf nährstoffreichen Lehmböden. Sie ist mit Ausnahme des östlichen Mittelmeerraumes über ganz Europa und über weite Teile Asiens verbreitet.

Wissenswertes: Das Hellerkraut ist seit der jüngeren Steinzeit ein Kulturbegleiter des Menschen. Sein Name bezieht sich darauf, dass die Früchte wie Münzen aussehen. In der Schweiz wird die Art »Acker-Täschelkraut« genannt. Im Süden Europas hat man die Pflanze früher als Salat oder als Gemüse verzehrt.

Vogelmiere
Stellaria media

Merkmale: Der Vogelmiere kann man überall häufig begegnen. Meist kriecht die Pflanze am Boden entlang. Ihre Blütezeit ist sehr ausgedehnt. Die 5 Kronblätter der weißen, sternförmigen Blüten sind fast bis zum Grund geteilt, sodass man auf den ersten Blick den Eindruck haben kann, die Pflanze verfüge über 10 Kronblätter. Sie sind nicht länger als der Kelch (Kelchblätter 3-5 mm lang). Systematisch steht die Pflanze in der Familie der Nelkengewächse (Caryophyllaceae).

Vorkommen: Die Vogelmiere kommt in nicht zu dichten Unkrautfluren vor, beispielsweise auf Äckern und in Weinbergen, an Wegrändern und auf Ödlandflächen. Die Art ist über ganz Mitteleuropa verbreitet und in den Bergen bis in rund 1900 m Höhe antzureffen.

Wissenswertes: Der Name »Vogel-«miere bezieht sich darauf, dass Vögel die Pflanze selbst, aber auch deren Samen gerne fressen. Man kann diese Miere als Gemüse verwerten, und früher hat man sie gegen Lungenleiden eingesetzt.

KURZCHECK

Wuchshöhe: 5-50 cm
Blütengröße: 8-10 mm im
  Durchmesser
Blattform: herz-eiförmig, abgerundet und kurz gestielt

Heilpflanze

J	F	M	A	M	J	J	A	S	O	N	D

Große Sternmiere
Stellaria holostea

Wuchshöhe: 10-30 cm
Blütengröße: Kronblätter
10-15 mm lang, Blüte
18-30 mm im Durchmesser
Blattform: lanzettlich, zugespitzt

KURZCHECK

| J | F | M | A | M | J | J | A | S | O | N | D |

Merkmale: Die Große Sternmiere hat einen 4-kantigen, bis 30 cm hohen Stängel. Die Blätter sind lanzettlich zugespitzt, werden 30-90 mm lang und 4-8 mm breit. Sie sind gegenständig angeordnet und bleiben auch im Winter grün. Die Blüten sind recht groß und auffällig: Die Kronblätter sind weiß gefärbt und etwa bis zur Mitte gespalten. Sie sind etwa doppelt so lang wie der Kelch. Ein Blütenstand besteht aus 6 bis 15 Blüten. Die Pflanze gehört zur Familie der Nelkengewächse (Caryophyllaceae).

Vorkommen: Die Sternmiere wächst vor allem in lichten, krautreichen Auen- und Laubmischwäldern, in Hecken und in Gebüschgruppen. Die Pflanze meidet Kalkboden; sie gedeiht vielmehr auf neutralen bis mäßig sauren Böden. Die Art kommt von der Ebene bis in 1100 m Höhe vor und ist über ganz Europa verbreitet, fehlt allerdings in den Alpen.

Wissenswertes: In den Nachbarländern wird die Pflanze etwas anders genannt als in Deutschland, nämlich in der Schweiz »Großblumige Sternmiere« und in Österreich »Großblütige Sternmiere«.

Taubenkropf-Leimkraut
Silene vulgaris, Silene cucubalus

Merkmale: Die bis 50 cm hohe Pflanze kann man vor allem daran gut erkennen, dass der unbehaarte Kelch der Blüten stark aufgeblasen ist. Auf die Form des grünlichen oder rötlich-braunen Kelches bezieht sich auch ihr Name. Die 5 Kronblätter sind weiß, selten auch rosa gefärbt und tief gespalten. Staubblätter und Griffel ragen weit aus der Krone hervor.

KURZCHECK

Wuchshöhe: 20-50 cm
Blütengröße: 16-18 mm im Durchmesser, Kelch 15 mm lang
Blattform: eiförmig-lanzettlich, zugespitzt

J	F	M	A	M	J	J	A	S	O	N	D

Die Blüten stehen in einem lockeren Blütenstand am Ende des Stängels. Die Blätter sind gegenständig angeordnet. Das Leimkraut gehört zur Familie der Nelkengewächse (Caryophyllaceae).

Vorkommen: Das Taubenkropf-Leimkraut wächst in Magerrasen und auf Brachland. Andere typische Fundorte sind Wegränder, Böschungen und Steinschuttfluren (auch Bahnschotter und Steinbrüche). Die Pflanze besiedelt auch Rohböden und wurzelt bis 1 m tief. Die Art ist über ganz Mitteleuropa verbreitet und kommt in den Bergen bis in 2200 m Höhe vor.

Wissenswertes: Die Blüten des Taubenkropf-Leimkrauts sondern reichlich Nektar ab und werden von Bienen und von Nachtfaltern bestäubt.

Weiße Lichtnelke

Silene latifolia, Silene alba, Melandrium album

KURZCHECK

Wuchshöhe: 20-100 cm
Blütengröße: Kronblätter
   15-20 mm lang, Blüte
   2-3 cm im Durchmesser
Blattform: breit-lanzettlich

| J | F | M | A | M | J | J | A | S | O | N | D |

Merkmale: Die Weiße Lichtnelke hat große, weiße Blüten; daran kann man die Art gut erkennen. Der grünliche bis rötliche, behaarte Kelch (Kelchblätter 15-30 mm lang) ist bei weiblichen Blüten und bei Zwitterblüten etwas aufgeblasen, bei männlichen Blüten eng. Die Bätter werden 60-80 mm lang und 10-25 mm breit. Sie sind gegenständig angeordnet. Die Pflanze gehört zur Familie der Nelkengewächse (Caryophyllaceae).

Vorkommen: Die Pflanze braucht recht nährstoffreichen, nicht zu trockenen, sandigen oder steinigen Lehmboden. Man findet sie an Wegrändern, an den Rändern von Äckern und auf Brachland. Sie ist über ganz Mitteleuropa verbreitet.

Wissenswertes: Die Wurzeln reichen ungewöhnlich tief hinab: bis zu 60 cm. Die Blüten öffnen sich erst nachmittags oder abends. Deshalb wird die Pflanze auch »Nachtnelke« genannt. Die Blüten duften stark, und die Pflanze wird von Nachtfaltern bestäubt. Mit ihren langen Rüsseln können die Falter an den tief im Inneren der Blüten liegenden Nektar gelangen.

Waldmeister
Galium odoratum

Merkmale: Der Waldmeister wird in die Familie der Röte- oder Krappgewächse (Rubiaceae) eingeordnet. Der glatte, 4-kantige Stängel wächst aus einem im Boden kriechenden Wurzelstock empor. Daran sitzen Quirle aus 6 bis 8 lanzettlichen Blättern. Die kleinen, weißen Blüten stehen in Trugdolden zusammengefasst.

Wuchshöhe: 10-30 cm
Blütengröße: 4-7 mm im Durchmesser
Blattform: lanzettlich

Heilpflanze

KURZCHECK

J	F	M	A	M	J	J	A	S	O	N	D

Vorkommen: Den Waldmeister liebt frischen, nährstoffreichen, lockeren Lehmboden und einen schattigen Standort. Man findet ihn häufig in krautreichen Buchen- oder Laubmischwäldern. Die Art ist über fast ganz Europa verbreitet. In den Bergen kommt sie bis in 1400 m Höhe vor.

Wissenswertes: Alle Teile der Pflanze enthalten das angenehm duftende Cumarin. Dieser Stoff gibt einer Maibowle den typischen Geschmack. Waldmeister wird deshalb auch »Maikraut« genannt. In Österreich und in der Schweiz heißt die Pflanze »Echter Waldmeister«, da auch weitere *Galium*-Arten unter dem deutschen Namen »Waldmeister« laufen. Die reifen Früchte sind mit hakigen Borsten besetzt und werden von Säugetieren verbreitet.

Wald-Sauerklee
Oxalis acetosella

KURZCHECK

Wuchshöhe: 5-15 cm
Blütengröße: Kronblätter
 8-15 mm lang
Blattform: 3-zählig

J	F	M	A	M	J	J	A	S	O	N	D

Merkmale: Der ausdauernde Wald-Sauerklee hat mit den verschiedenen Klee-Arten lediglich die Form der Blätter gemeinsam, steht aber systematisch anders, nämlich in der Familie der Sauerkleegewächse (Oxalidaceae). Die Blätter wachsen aus einem Wurzelstock hervor und enthalten sehr viel Oxalsäure bzw. Oxalate, die ihnen den säuerlichen Geschmack verleihen. Die Blüten stehen einzeln und sind weiß, oft auch blassrosa gefärbt. Meist zeigen die Kronblätter eine deutliche, violette Aderung.

Vorkommen: Die Pflanze kommt auf frischen, nährstoffreichen Böden in krautreichen Laub- und Nadelmischwäldern vor. In den Bergen tritt sie bis in 1900 m Höhe auf. Sie ist zirkumpolar verbreitet und in ganz Europa zu finden.

Wissenswertes: Als ausgesprochene Schattenpflanze ändert der Wald-Sauerklee entsprechend der vorhandenen Einstrahlung die Stellung seiner Blätter: Bei schwacher Beleuchtung stehen die Blattzipfel flach ausgebreitet, bei starker Einstrahlung dagegen angewinkelt. In der Schweiz wird die Art »Gemeiner Sauerklee« genannt.

Merkmale: Das ausdauernde Busch-Windröschen überwintert mit einem im Boden liegenden, verdickten Wurzelstock. Daraus wächst im Spätwinter ein Wirtel mit 3 Fiederblättern und aus dessen Zentrum wiederum der Blütenstiel hervor. Die Blüten weisen 6 weiße, rosa überhauchte Kronblätter und zahlreiche Staubblätter und Stempel auf.

KURZCHECK

Wuchshöhe: 15-20 cm
Blütengröße: Durchmesser
    15-40 mm
Blattform: gefiedert, Fiedern
    2- bis 3-spaltig mit ungleich
    eingeschnittenen Zipfeln

J	F	M	A	M	J	J	A	S	O	N	D

Ganz ähnlich sieht das Gelbe Windröschen *(Anemone ranunculoides)* aus. Es hat aber – wie sein Name sagt – gelbe Kronblätter und ist deutlich seltener. Beide Arten gehören zur Familie der Hahnenfußgewächse (Ranunculaceae).

Vorkommen: Die Art ist über große Teile Europas und Asiens verbreitet. Sie kommt (oft herdenartig) in krautreichen Laub- und Nadelwäldern vor, bisweilen auch auf Bergwiesen. In den Bergen tritt sie bis in 1800 m Höhe auf.

Wissenswertes: Das Busch-Windröschen gehört zu den Wildblumen, die bereits im Spätwinter und Vorfrühling Blätter und Blüten entfalten. Als Gruppe zusammengefasst bezeichnet man diese Blumen als Frühblüher. Im Mai/Juni sterben die meisten Frühblüher bereits wieder ab.

Wasser-Hahnenfuß
Ranunculus aquatilis

Wuchshöhe: Schwimmblattpflanze
Blütengröße: bis 25 mm im Durchmesser
Blattform: Wasserblätter haarförmig zerschlitzt, Schwimmblätter meist gelappt

J	F	M	A	M	J	J	A	S	O	N	D

Merkmale: Beim Wasser-Hahnenfuß kann man Wasser- und Schwimmblätter unterscheiden. Erstere sind haarförmig zerschlitzt, letztere bis 3 cm breit und tief gezähnt oder gelappt. Die Blüten sind aus 5 grünen Kelch- und 5 weißen Kronblättern aufgebaut. Trocknet das Gewässer aus, bildet der Hahnenfuß eine Landform mit kurzen, kräftigen Stängeln und derben zerteilten Blättern. Familie: Hahnenfußgewächse (Ranunculaceae).

Vorkommen: Dieser aquatisch lebende Hahnenfuß ist über die gemäßigten Zonen der Nordhalbkugel weit verbreitet. Darüber hinaus tritt er in Südamerika in den Anden auf. Die Pflanze kommt in flachen stehenden oder langsam fließenden, nährstoffreichen Gewässern vor.

Wissenswertes: Es gibt in Mitteleuropa noch einige weitere aquatische *Ranunculus*-Arten. Recht häufig ist der Flutende Hahnenfuß *(Ranunculus fluitans)*. Diese Art bildet bis 3 m lange Stängel aus, und entsprechend den Lebensbedingungen in Fließgewässern fehlen Schwimmblätter völlig.

Wald-Erdbeere

Fragaria vesca

Merkmale: Die ausdauernde Wald-Erdbeere sieht wie eine verkleinerte Ausgabe der im Garten angepflanzten Erdbeere aus: Sie hat lange, oberirdische Ausläufer, gezähnte Fiederblätter und Blüten mit 5 weißen Kronblättern. Die Früchte muss man biologisch korrekt als Scheinfrüchte bezeichnen, denn bei den Erdbeeren sitzen viele – gelbliche – Samen auf dem fleischigen – roten – Blütenboden. Die Pflanze gehört zu den Rosengewächsen (Rosaceae).

KURZCHECK

Wuchshöhe: 5-20 cm
Blütengröße: Kronblätter 5-6 mm lang, Durchmesser der Blüte bis 15 mm
Blattform: 3-teilig gefiedert

Heilpflanze

J	F	M	A	M	J	J	A	S	O	N	D

Vorkommen: Die Wald-Erdbeere findet man regelmäßig entlang von Waldwegen, an Waldrändern und auf Kahlschlägen. Die Art kommt fast überall von ebenen Lagen bis ins Hochgebirge (bis 2200 m) vor. Sie ist über weite Teile Europas verbreitet.

Wissenswertes: Wald-Erdbeeren geben eine vorzügliche Bowle ab (Erntezeit: Juni/Juli). Die Farbe der Früchte wird durch Farbstoffe aus der Gruppe der Anthocyane hervorgerufen. Die vielen Sorten von Garten-Erdbeeren stammen meist von ausländischen *Fragaria*-Arten ab.

Gänseblümchen
Bellis perennis

KURZCHECK

Wuchshöhe: bis 20 cm
Blütengröße: Köpfchen
   15–30 mm im Durchmesser
Blattform: spatelförmig bis
   verkehrt-eiförmig, gestielt

Heilpflanze

J	F	M	A	M	J	J	A	S	O	N	D

Merkmale: Interpretiert man den wissenschaftlichen Namen der Pflanze etwas frei, kann man sagen: Das Gänseblümchen ist eine schöne, das ganze Jahr über blühende Pflanze. Tatsächlich blüht das Gänseblümchen von März bis November. Über die Blattrosette erheben sich am Ende nicht beblätterter, behaarter Stängel die Blütenköpfchen. Sie setzen sich aus gelben Röhrenblüten und einem Kranz weißer, bisweilen leicht rosa Zungenblüten zusammen. Letztere sind steril und haben nur die Aufgabe, Insekten anzulocken. Familie: Köpfchen- oder Körbchenblütler (Asteraceae).

Vorkommen: Das Gänseblümchen ist in ganz Europa überall auf Wiesen und Weiden häufig anzutreffen. Zusagende Standorte werden von ebenen Lagen bis in Höhen um 2000 m besiedelt.

Wissenswertes: Das Gänseblümchen ist eine ausdauernde Pflanze, die mit ihrem Wurzelstock überwintert. Die Blütenköpfchen schließen sich gegen Abend. Vielfach hängen sie dann auch etwas herab. Am Morgen öffnen sich die Köpfchen wieder. In der Schweiz wird die Art »Maßliebchen« genannt.

Echte Kamille

weiß *Matricaria recutita*

Merkmale: Die Kamillen – es gibt mehrere Arten – gehören zur Familie der Köpfchen- oder Körbchenblütler (Asteraceae). Bei der Echten Kamille umstehen weiße Zungenblüten ein halbkugeliges, innen hohles (!) Zentrum von gelben Röhrenblüten. Diese Blüten verströmen einen starken, typischen Duft. Die Laubblätter sind 2- bis 3-fach gefiedert.

KURZCHECK

Wuchshöhe: 15–40 cm
Blütengröße: Köpfchen
  10–25 mm im Durchmesser
Blattform: 2- bis 3-fach
  gefiedert

Heilpflanze

J	F	M	A	M	J	J	A	S	O	N	D

Vorkommen: Die Echte Kamille findet man auf Brachflächen, an Wegrändern und in Getreidefeldern. Sie stammt aus dem östlichen Mittelmeergebiet, wurde aber oft kultiviert und ist heute in ganz Mitteleuropa eingebürgert. In den Bergen kommt sie bis in Höhen um 1300 m vor. Leider ist die Art durch chemische Unkrautbekämpfung stark zurückgegangen.

Wissenswertes: Die Echte Kamille ist eine alte und wohl jedem auch heute noch vertraute Heilpflanze. Kamillentee wird allenthalben verwendet. Dieser Tee aus den getrockneten Blütenköpfchen wirkt krampflösend und entzündungshemmend. Man wendet ihn bei Magenverstimmungen an, aber auch beispielsweise bei Entzündungen der Atemwege.

Wiesen-Wucherblume, Marg(u)erite

Chrysanthemum leucanthemum

KURZCHECK

Wuchshöhe: 20-100 cm

Blütengröße: Zungenblüten –
je nach Form – ab 6 mm
lang, Köpfchen 25-50 mm im
Durchmesser

Blattform: ungeteilt, gekerbt-
gesägter Rand

J	F	M	A	M	J	J	A	S	O	N	D

Merkmale: Die Wiesen-Wucherblume ist leicht an den großen Blütenköpfchen zu erkennen, die – wie beim Gänseblümchen (*Bellis perennis*, siehe S. 41) – aus weißen Zungenblüten und gelben Röhrenblüten zusammengesetzt sind. Die Stängel sind teilweise verzweigt, zum Teil münden sie unverzweigt in die Blütenköpfchen. Im unteren Bereich des Stängels sind die Blätter leicht gestielt, im oberen umfasst der Blattgrund den Stängel. Familie: Köpfchen- oder Körbchenblütler (Asteraceae).

Vorkommen: Die Marg(u)erite ist eine ganz charakteristische und häufige Wiesenblume. Fettwiesen, fette Weiden, aber auch Brachland, Wegränder und Magerrasen sind die Orte, an denen man die Pflanze findet. Sie kommt von der Ebene bis in Höhen um 2300 m vor.

Wissenswertes: Die formenreiche Wiesen-Wucherblume ist ein Kosmopolit, d.h. sie ist, wie viele andere Wiesen- und Ackerpflanzen auch, heute weltweit verbreitet. Oft tritt sie in Gruppen oder gar in dichten Beständen auf, und deshalb hat sie auch den Namen »Wucher-«blume erhalten.

Kleinblütiges Knopfkraut

weiß *Galinsoga parviflora*

Merkmale: Der Name »Knopfkraut« ist eine gute Eselsbrücke zum Erkennen dieser Pflanze: Sie hat kleine, tatsächlich knopfähnliche Blütenköpfchen und gehört auch zur Familie der Köpfchen- oder Körbchenblütler (Asteraceae). In deren Zentrum stehen viele gelbe Röhrenblüten, die von nur wenigen kleinen Zungenblüten eingerahmt werden. Die Stängel sind locker mit Blättern besetzt.

KURZCHECK

Wuchshöhe: 10–60 cm
Blütengröße: Köpfchen
   3–5 mm im Durchmesser
Blattform: lanzettlich, Rand
   fein gezähnt

J	F	M	A	M	J	J	A	S	O	N	D

Vorkommen: Die Pflanze wächst auf Brachflächen, auf Äckern, an Wegrändern und auch in Gärten. Sie ist über ganz Deutschland verbreitet, wenn auch im Süden eher lückig. In den Bergen kommt die Art bis in 1200 m Höhe vor.

Wissenswertes: Das Knopfkraut ist ein häufiges Wildkraut, das unter entsprechend günstigen Witterungsbedingungen 2 bis 3 Generationen im Jahr durchlaufen kann. Seine ursprüngliche Heimat ist Südamerika. Von dort wurde es nach Mitteleuropa eingeschleppt. Solche Pflanzen innerhalb einer vorhandenen Flora nennt man Neubürger oder – botanisch richtiger – Neophyten.

Gemeiner Froschlöffel

Alisma plantago-aquatica

KURZCHECK

Wuchshöhe: bis 100 cm
Blütengröße: 6-10 mm im
  Durchmesser
Blattform: lang gestielt,
  eiförmig-linealisch

| J | F | M | A | M | J | J | A | S | O | N | D |

Merkmale: Der ausdauernde Froschlöffel hat einen knollig verdickten Wurzelstock. Die lang gestielten, eiförmig-linealischen Blätter stehen in einer Rosette, aus der der pyramidenförmige, rispige Blütenstand emporwächst. Die Blüten setzen sich aus 3 weiß oder rosa gefärbten inneren und 3 grünlichen äußeren Hüllblättern zusammen. Sie stehen an 10-30 mm langen Stielen. Sie sind vormittags geöffnet; ab Mittag welken die Kronblätter. Die Pflanze gehört zur Familie der Froschlöffelgewächse (Alismataceae).

Vorkommen: Der Froschlöffel ist fast weltweit verbreitet. Die Art kommt in flachen, schlammigen Buchten von nährstoffreichen Weihern und Seen, in Sümpfen und in Gräben vor, wo sie oft herdenartig auftritt. Sie geht nicht höher hinauf als bis etwa 1200 m.

Wissenswertes: Der deutsche Name der Pflanze bezieht sich auf die Form der Blätter. Auch in dem in Österreich gebräuchlichen Namen »Wegerich-Froschlöffel« spiegelt sich dies wider. Die Blüten werden meist von Schwebfliegen bestäubt.

Gemeine Zaunwinde
Calystegia sepium

Merkmale: Die auffälligsten Merkmale der ausdauernden Zaunwinde sind die windenden Stängel und die tütenförmigen, weißen Blüten. Außerdem fallen die 4–12 cm langen und etwa halb so breiten, pfeilförmigen Blätter auf. Zu Verwechslungen mag dennoch die nah verwandte Acker-Winde (*Convolvulus arvensis*, siehe S. 108) Anlass geben. Beide Arten gehören zur Familie der Windengewächse (Convolvulaceae).

KURZCHECK

Wuchshöhe: bis 300 cm (windend!)
Blütengröße: Durchmesser bis 6 cm, bis 5 cm lang
Blattform: pfeilförmig

J	F	M	A	M	J	J	A	S	O	N	D

Vorkommen: Man kann der Zaunwinde an Zäunen und an Wegrändern, in staudenreichen Unkrautfluren und an ähnlichen Stellen begegnen. Vertikal liegt die Verbreitungsgrenze bei 1200 m. Die Art ist über weite Teile des gemäßigten Europas verbreitet.

Wissenswertes: Pflanzen brauchen zum Gedeihen Licht. Kletterpflanzen wie die Zaunwinde können sich an benachbart stehenden Pflanzen oder anderem Untergrund emporwinden. Sie sind damit gegenüber konkurrierenden Arten im Vorteil. Die Bestäubung der Blüten übernehmen bei der Zaunwinde Schwebfliegen und Nachtfalter.

Bärlauch
Allium ursinum

KURZCHECK

Wuchshöhe: 15-30 cm
Blütengröße: Einzelblüte
 12-20 mm im Durchmesser
Blattform: elliptisch, deutlich
 gestielt

Heilpflanze

J	F	M	A	M	J	J	A	S	O	N	D

Merkmale: Der zur Familie der Liliengewächse (Liliaceae) gehörende Bärlauch überdauert mit einer länglichen Zwiebel. Daraus wachsen im Frühling 1 bis 2 deutlich gestielte, 2-5 cm breite Blätter hervor. Wie bei fast allen Einkeimblättrigen Pflanzen (Monocotyledoneae) verlaufen bei ihnen die Blattadern parallel. Die sternförmigen weißen Blüten stehen in Scheindolden vereinigt. Die schwarzen Samen werden von Ameisen verbreitet – ein recht ungewöhnlicher Mechanismus.

Vorkommen: Der Bärlauch wächst auf feuchten, nährstoffreichen Lehm- und Tonböden. Man findet ihn ziemlich häufig in Auenwäldern und in feuchten, schattigen Laubwäldern. Dort tritt er meist gesellig bis massenhaft auf.

Wissenswertes: Dem Bärlauch entströmt ein Geruch wie der der nah verwandten Küchenzwiebel *(Allium cepa).* Deshalb riecht man ihn im Frühjahr schon von Weitem, wenn er in einem Wald vorkommt, und deshalb ist die Art in Österreich auch unter dem Namen »Wald-Knoblauch« bekannt. Bei Freunden der Naturküche ist Bärlauch sehr beliebt.

Weiße Seerose
Nymphaea alba

Merkmale: Die Seerose ist mit einem dicken, kriechenden, bis 1,00 m langen Wurzelstock im Boden verankert. Daraus treiben 2 verschiedene Typen von Blättern aus: die salatartigen Unterwasserblätter und die lang gestielten Schwimmblätter (Durchmesser 15-30 cm). Diese rundlichen, ledrigen Blätter weisen am Grund eine tiefe, schmale Bucht auf. Ihre Seitennerven verzweigen sich gegen den Blattrand hin rechtwinklig und verbinden sich auch miteinander. Die großen Blüten bestehen aus 4 grünen Kelchblättern und vielen spiralig angeordneten weißen Kronblättern, die allmählich in die zahlreichen gelben Staubblätter übergehen. Die Pflanze gehört zur Familie der Seerosengewächse (Nymphaeaceae).

Vorkommen: Die Seerose ist über fast ganz Europa verbreitet. Sie kommt in stehenden oder langsam fließenden Gewässern vor, bevorzugt dabei die Verlandungszonen und besonders die windgeschützten, stillen Buchten.

Wissenswertes: Die Seerose ist eine Charakterpflanze der Zone der Schwimmblattpflanzen, die sich dem Röhricht seewärts anschließt.

KURZCHECK

Wuchshöhe: Schwimmblattpflanze
Blütengröße: 10-20 cm im Durchmesser
Blattform: rundlich

Geschützt

J	F	M	A	M	J	J	A	S	O	N	D

Stängellose Eberwurz, Wetterdistel, Silberdistel

Carlina acaulis

Wuchshöhe: 10-30 cm
Blütengröße: Köpfchen mit
5-15 cm Durchmesser
Blattform: fiederteilig, stachelig gezähnt

Geschützt

KURZCHECK

| J | F | M | A | M | J | J | A | S | O | N | D |

Merkmale: Die ausdauernde Pflanze ist mit einer kräftigen Pfahlwurzel im Erdreich verankert. In der Mitte einer Rosette aus 10-30 cm langen Blättern steht das große Blütenköpfchen. Es setzt sich nur aus Röhrenblüten zusammen, die weißlich bis bräunlich-rötlich gefärbt sind. Das, was auf den ersten Blick wie Zungenblüten aussieht, sind nichts anderes als in den Blütenstand einbezogene Hüllblätter. Sie sind bei dieser Art silbrig-weiß gefärbt (daher der Name »Silber-«distel!). Die Stängellose Eberwurz gehört zur Familie der Köpfchen- oder Korbblütler (Asteraceae).

Vorkommen: Die Stängellose Eberwurz fällt bei jeder Wanderung über steinige Hänge, magere Wiesen und Almen sofort auf. Man trifft die Art in den Gebirgen Mittel- und Südeuropas in Höhen zwischen 800 und 2600 m an.

Wissenswertes: Die Eberwurz hat hygroskopische Blütenköpfchen, d. h. bei trockenem, sonnigem Wetter sind sie weit geöffnet, bei feuchtem, regnerischem Wetter nehmen sie Feuchtigkeit auf und schließen sich (daher der Name »Wetter-«distel!).

Maiglöckchen

weiß *Convallaria majalis*

Merkmale: Das Maiglöckchen zählt zur Familie der Liliengewächse (Liliaceae). Es ist ausdauernd und überwintert mit einem Wurzelstock im Boden. Aus diesem Wurzelstock wachsen im Frühjahr die 2 bis 3 zunächst tütenförmig eingerollten Blätter hervor. Die weißen, glockenförmigen Blüten mit den zurückgebogenen Zipfeln hängen in einer Traube. Sie duften

Wuchshöhe: bis 25 cm
Blütengröße: Einzelblüte 5–8 mm lang
Blattform: elliptisch, lang gestielt

Giftig!   Heilpflanze

KURZCHECK

| J | F | M | A | M | J | J | A | S | O | N | D |

sehr intensiv, besonders abends und nachts. Im Herbst fallen die roten Beeren auf – zumal die Blätter dann bereits abgestorben und bräunlich gefärbt sind.

Vorkommen: Das Maiglöckchen findet man auf mäßig trockenen, mäßig nährstoffreichen Böden in lichten Laub- und Mischwäldern. Die Pflanze kommt bis in Höhen von etwa 1900 m vor und ist über fast ganz Europa verbreitet.

Wissenswertes: Das Maiglöckchen ist mit großer Vorsicht zu genießen! Die Blüten duften zwar schön, aber alle Teile der Pflanze sind sehr giftig; sie enthalten herzwirksame Glykoside! Die roten Früchte mögen Kindern verlockend erscheinen, und deshalb sollte man ihnen die Pflanze rechtzeitig zeigen!

Vielblütige Weißwurz
Polygonatum multiflorum

Wuchshöhe: bis 70 cm
Blütengröße: Einzelblüte
9-20 mm lang
Blattform: elliptisch-eiförmig

Giftig!

KURZCHECK

J	F	M	A	M	J	J	A	S	O	N	D

Merkmale: Die stattliche Pflanze aus der Familie der Liliengewächse (Liliaceae) überdauert mit einem kräftigen Wurzelstock, aus dem der runde (!) Stängel emporwächst. Er trägt wechselständig angeordnete Blätter. In den Blattachseln hängen Gruppen von je 2 bis 5 weißlich-grünlichen Glockenblüten. Später bilden sich die zunächst roten, dann dunkelblauen Beerenfrüchte aus. Ähnlich ist die Wohlriechende Weißwurz *(Polygonatum odoratum)*, auch »Salomonssiegel« genannt. Diese Art hat einen kantigen (!) Stängel, und ihre Blüten hängen meist einzeln, manchmal auch zu zweien in den Blattachseln.

Vorkommen: Die schattenliebende Vielblütige Weißwurz wächst auf frischen, nährstoffreichen Lehmböden. Man findet sie in krautreichen Buchen-, Eichen- und Nadelmischwäldern bis in etwa 1800 m Höhe.

Wissenswertes: Die Blüten der Weißwurz-Arten werden durch Hummeln bestäubt. Die Pflanzen sind giftig, also auch Hände weg von den Früchten, die Kindern attraktiv erscheinen mögen!

Frühlings-Knotenblume, Märzenbecher
Leucojum vernum

Merkmale: Die Pflanze hat bis zu 5 dunkelgrüne, linealische Blätter. Der Stängel trägt 1 glockenförmige Blüte (selten 2 Blüten), die von einer häutigen Blattscheide überragt wird. Die Perigonblätter sind weiß und an der Spitze gelb oder grünlich gefleckt. Die Pflanze beginnt schon im ausgehenden Winter zu blühen. Sie gehört zur Familie der Narzissengewächse (Amaryllidaceae).

KURZCHECK

Wuchshöhe: 10-35 cm
Blütengröße: Durchmesser
    15-25 mm
Blattform: schmal-linealisch

Gefährdet   Geschützt
Giftig!

J	F	M	A	M	J	J	A	S	O	N	D

Vorkommen: Die Art ist relativ selten, tritt aber gesellig oder gar massenhaft auf. Ihr Lebensraum sind Auen- und feuchte Laubmischwälder, aber auch sumpfige Wiesen. Sie kommt von der Ebene bis in mittlere Gebirgslagen um 1500 m vor.

Wissenswertes: Ähnlich ist die Sommer-Knotenblume *(Leucojum aestivum)*, die aber bis 50 cm hoch wird, 3- bis 7-blütige Stängel hat und etwas später (April/Mai) blüht. Knotenblumen sind giftig! Die Pflanzen sind mit dem Schneeglöckchen (*Galanthus nivalis*, siehe S. 53) nah verwandt. Alle 3 Arten sind Frühblüher, die mit Zwiebeln im Boden überdauern.

Schneeglöckchen
Galanthus nivalis

Wuchshöhe: bis 20 cm
Blütengröße: 15-25 mm lang
Blattform: linealisch

Gefährdet
Geschützt

| J | F | M | A | M | J | J | A | S | O | N | D |

Merkmale: Die beiden schmalen Blätter dieser bekannten Blume sind blaugrün bereift. Die weißen Blüten hängen einzeln an den Enden der Stängel. Die Perigonblätter neigen sich glockenförmig zusammen. Dabei sind die 3 äußeren Blätter fast doppelt so lang wie die 3 an der Spitze grün gefleckten inneren. Das Schneeglöckchen gehört zur Familie der Narzissengewächse (Amaryllidaceae).

Vorkommen: Typisch ist die Pflanze für Auenwälder, für feuchte Laubmischwälder und für Gebüsche. Das Schneeglöckchen ist aber auch eine beliebte Gartenpflanze und häufig verwildert. Seine Vorkommen liegen zerstreut und bis in Höhen von 1600 m.

Wissenswertes: Die Pflanze hat einen wirklich zutreffenden Namen: Sie überdauert mit einer Zwiebel und kann deshalb bereits anfangen zu blühen, wenn oft noch Schnee liegt, und die Blüten sehen wie kleine – zudem schneeweiße! – Glocken aus. Zur selben Zeit beginnt aber auch die ähnliche Frühlings-Knotenblume (*Leucojum vernum*, siehe S. 52), zu blühen.

Weiß-Klee
Trifolium repens

Merkmale: Die Stängel des Weiß-Klees kriechen am Boden entlang und bewurzeln sich an den Knoten. Typisch sind die 3-zähligen, häufig hell gefleckten Klee-Blätter, deren Blättchen eiförmig und am Rand fein gezähnt sind. Die weißen, in verblühtem Zustand hellbraunen Blüten stehen in kugeligen Blütenköpfen vereinigt am Ende unverzweigter Stängel. Die Pflanze gehört zur Familie der Schmetterlingsblütengewächse (Fabaceae = Papilionaceae).

Wuchshöhe: 5-20 cm, maximal 40 cm
Blütengröße: Einzelblüte 7-10 mm lang, Kopf 15-25 mm im Durchmesser
Blattform: 3-zählig

KURZCHECK

| J | F | M | A | M | J | J | A | S | O | N | D |

Vorkommen: Der Weiß-Klee kommt sowohl auf Fettwiesen als auch an Wegrändern und auf Brachflächen vor. Er ist von ebenen Lagen bis in Gebirgslagen um 2200 m Höhe verbreitet.

Wissenswertes: Wegen seiner kriechenden Sprosse wird der Weiß-Klee in der Schweiz auch »Kriechender Klee« genannt. Und wegen dieser Sprosse kann er sich selbst in mehrfach gemähten Wiesen und in Rasen halten. Als Bestäuber der Blüten sind vor allem Hummeln zu beobachten. Im Übrigen ist der Weiß-Klee eine wichtige Futterpflanze.

Ährige Teufelskralle

Phyteuma spicatum

Wuchshöhe: 30-80 cm
Blütengröße: Blütenstand bis
  60 mm lang
Blattform: herzförmig

J	F	M	A	M	J	J	A	S	O	N	D

Merkmale: Zur Blütezeit ist die Ährige Teufelskralle eine recht auffällige Pflanze: Die Blütenstängel können immerhin 80 cm hoch werden. Die Blätter haben im Zentrum oft einen großen schwarzen Flecken. Die weißlichen oder blass gelblichen Blüten stehen in einem walzlichen Blütenstand zusammengefasst. Die Teufelskrallen gehören zur Familie der Glockenblumengewächse (Campanulaceae).

Vorkommen: Man findet diese Teufelskralle in Laub- und Nadelmischwäldern mit reichhaltiger krautiger Vegetation am Boden. Weiter kommt sie in Bergwiesen vor. Die Obergrenze der Verbreitung liegt bei etwa 2100 m. Die Art ist über ganz Mitteleuropa verbreitet.

Wissenswertes: Bei den Teufelskrallen stehen jeweils mehrere relativ kleine Blüten zu einem Blütenstand vereinigt. Auf diese Weise gewinnt die Pflanze an Attraktivität für bestäubende Insekten. In der Schweiz wird die Art auch »Ährige Rapunzel« genannt. Die Blätter können als Wildgemüse gegessen werden; »Waldspinat« ist ein durchaus passender Name.

Echtes Mädesüß

weiß *Filipendula ulmaria*

Merkmale: Aus einem überdauernden Wurzelstock wächst der braungrüne Spross bis 1,50 m hoch empor. Er trägt die gefiederten Blätter, die jeweils aus mehreren doppelt gesägten, etwa 3 cm langen Fiederblättchen zusammengesetzt sind. Die duftenden 5-zähligen Einzelblüten sind sehr klein. Sie stehen aber in auffälligen Trugdolden zusammen,

KURZCHECK

Wuchshöhe: 100–150 cm
Blütengröße: Kronblätter
2–5 mm lang, Einzelblüte
4–8 mm im Durchmesser
Blattform: gefiedert

Heilpflanze

| J | F | M | A | M | J | J | A | S | O | N | D |

sodass man die Pflanze zur Blütezeit kaum übersehen kann. Sie gehört zur Familie der Rosengewächse (Rosaceae).

Vorkommen: Das Echte Mädesüß ist über fast ganz Europa und Teile Asiens verbreitet. In Mitteleuropa kommt es in feuchten Wiesen, an Grabenrändern, in Quellsümpfen und in Verlandungswiesen bis in 1200 Höhe häufig vor.

Wissenswertes: Die Blüten verströmen einen starken, süßlichen Duft. Sie wurden früher zum Aromatisieren verwendet, u. a. von Met oder Bier. Darauf bezieht sich der deutsche Name: »Mädesüß« = »Met-Süße«. In der Schweiz wird die Art auch »Moor-Geißbart«, in Österreich – wie in Deutschland – auch »Wiesen-Geißbart« genannt.

Gemeine Schafgarbe
Achillea millefolium

Wuchshöhe: 15–50 cm
Blütengröße: Köpfchen
    4–6 mm im Durchmesser
Blattform: doppelt fiederteilig

Heilpflanze

KURZCHECK

J	F	M	A	M	J	J	A	S	O	N	D

Merkmale: Auf den ersten Blick scheint die ausdauernde, kräftige Schafgarbe gar nicht zu den Köpfchen- oder Körbchenblütlern (Asteraceae) zu gehören. Das liegt daran, dass bei ihr die einzelnen Blütenköpfchen in einer doldenähnlichen Anordnung von mehreren Zentimeter Durchmesser zusammenstehen. Gerade daran kann man die Pflanze gut erkennen. Der Stängel ist aufrecht und beblättert. Die wechselständig angeordneten, doppelt fiederteiligen Blätter weisen jeweils über 10 Fiedern auf.

Vorkommen: Man findet die Pflanze verbreitet auf Fettwiesen und auf fetten Weiden, in Halbtrocken- und Sandrasen, auf Äckern und auf Ödland. Sie wächst in der Ebene ebenso gut wie in mittleren Höhenlagen bis 1900 m. Die Art ist über ganz Europa verbreitet und kommt in der gemäßigten Zone heute weltweit vor.

Wissenswertes: Die Schafgarbe ist eine alte Heilpflanze. In der entsprechenden Literatur ist eine Fülle von Krankheiten angegeben, die man mit Schafgarbentee und anderen Zubereitungen behandeln kann.

Wilde Möhre
Daucus carota

Merkmale: Die Wilde Möhre ist gut an den mehrfach gefiederten Blättern zu erkennen, die wie die der Garten-Möhre *(Daucus sativus)* aussehen. Die weißen oder leicht gelblichen Blüten stehen in Dolden zusammengefasst. Noch nicht erblühte Dolden, in der Nacht geschlossene Dolden und Dolden mit Früchten erinnern in der Form an ein kleines Vogelnest. Ein gutes Erkennungsmerkmal der Art sind auch die dunklen »Mohrenblüten« im Zentrum des gesamten Blütenstandes. Die Pflanze gehört zur Familie der Doldengewächse (Apiaceae).

Wuchshöhe: 50-120 cm
Blütengröße: Dolde mit
 3-7 cm Durchmesser
Blattform: mehrfach gefiedert

Heilpflanze

KURZCHECK

| J | F | M | A | M | J | J | A | S | O | N | D |

Vorkommen: Die Pflanze ist an unterschiedlichen Wuchsorten zu finden: auf Brachland, aber auch auf fetten Wiesen, an Wegrändern und auf Straßenböschungen, auf Schutthalden und in Steinbrüchen. Die Art ist über ganz Mitteleuropa verbreitet und gedeiht in den Bergen bis in rund 1000 m Höhe.

Wissenswertes: Die Hauptwurzel ist rübenartig verdickt und riecht wie die der Gartenform. Letztere stammt aber wahrscheinlich von einer Wildform aus Ostasien ab – und eben nicht von der Wilden Möhre Mitteleuropas.

Geißfuß, Giersch
Aegopodium podagraria

Wuchshöhe: 50-100 cm
Blütengröße: Einzelblüte
2-3 mm, Dolde 20-60 mm
im Durchmesser
Blattform: gefiedert

Heilpflanze

KURZCHECK

| J | F | M | A | M | J | J | A | S | O | N | D |

Merkmale: Die Pflanze ist zunächst an ihren typischen Fiederblättern zu erkennen: Die Blätter sind in 3 mal 3 Fiedern unterteilt. Wegen seiner unterirdischen, weißlichen Ausläufer bildet der Geißfuß meist dichte, den Boden vollständig bedeckende Bestände. Über die Blätter erheben sich die doldigen Blütenstände, die aus 12 bis 20 Strahlen und weißen Einzelblüten zusammengesetzt sind. Die Pflanze gehört zur Familie der Doldengewächse (Apiaceae).

Vorkommen: Der Geißfuß ist in Gärten zu Hause, auch in Parks und auf Friedhöfen. Waldränder und die Ufer von Gewässern sind ebenfalls geeignete Lebensräume. Weiter ist die Art in eher feuchten Wäldern zu finden. Sie ist über ganz Mitteleuropa bis in rund 1400 m Höhe verbreitet.

Wissenswertes: Der Geißfuß ist wirksam gegen Podagra und Gicht – worauf sich auch der volkstümliche Name »Zipperleinskraut« bezieht. Zerquetschte Blätter kann man gegen Insektenstiche und Rheuma anwenden. Junge Blätter eignen sich als Beigabe zu Gemüse oder Salaten.

Wiesen-Kerbel

weiß *Anthriscus sylvestris*

Merkmale: Der Wiesen-Kerbel ist ein typischer Vertreter aus der Familie der Doldengewächse (Apiaceae). Das wichtigste Erkennungsmerkmal dieser Pflanzenfamilie sind die in Dolden angeordneten Blüten. Eine zusammengesetzte 8- bis 15-strahlige Dolde ist denn auch das wichtigste Kennzeichen des Wiesen-Kerbels. Die kleinen, weißen Blüten sind dagegen unauffällig. Der Stängel ist unten behaart und innen hohl. Die gefiederten Blätter werden 15–30 cm lang. In der mitteleuropäischen Flora gibt es eine Reihe ähnlicher Doldengewächse.

Wuchshöhe: bis 150 cm
Blütengröße: Einzelblüte 3–4 mm, einzelne Dolde ca. 5 cm im Durchmesser
Blattform: doppelt oder dreifach gefiedert

KURZCHECK

| J | F | M | A | M | J | J | A | S | O | N | D |

Vorkommen: Man findet den Kerbel verbreitet auf Fettwiesen, an Hecken und Feldgehölzen, an Wegrändern und ähnlichen Standorten – von der Ebene bis in etwa 2400 m Höhe. Er ist eines der häufigsten Doldengewächse in Mitteleuropa und kommt im ganzen nördlichen und mittleren Eurasien vor.

Wissenswertes: Die Blüten verströmen einen Geruch, der Insekten anlockt. Oft stehen ganze Wolken von Fliegen über den Blütenständen, dann wieder sind die Dolden mit einer Vielzahl von Käfern besetzt.

Wiesen-Bärenklau
Heracleum sphondylium

Wuchshöhe: bis 250 cm
Blütengröße: Einzelblüte
5–10 mm, Dolde bis 20 cm
im Durchmesser
Blattform: meist gelappt

Heilpflanze

| J | F | M | A | M | J | J | A | S | O | N | D |

Merkmale: Der Wiesen-Bärenklau kann beachtliche 2,50 m hoch werden. Der Stängel hat 4–20 mm Durchmesser und ist kantig gefurcht. Im unteren Stängelbereich sind die Blätter ungeteilt bis tief gelappt, im oberen Bereich meist 3-fach gelappt. Die Pflanze hat eine zusammengesetzte Dolde mit 15 bis 30 Strahlen. Die weißen Blüten verströmen einen Geruch, der Insekten anlockt. Familie: Doldengewächse (Apiaceae).

Vorkommen: Den Bärenklau findet man verbreitet auf Wiesen und in Gebüschen. Es gibt verschiedenen Unterarten, die von ebenen Lagen bis in Höhen von 1700 m vorkommen.

Wissenswertes: Die fast weltweit verbreitete Pflanzenfamilie der Doldengewächse umfasst etwa 2500 Arten. Sie ist näherer Beschäftigung wert, da zu ihr viele Heil-, Gewürz- und Nutzpflanzen gehören. So wurde beispielsweise die Möhre oder Karotte aus einer Wildform herausgezüchtet. Der Sellerie ist eine weitere wichtige Nutzpflanze, und auch so verbreitete Gewürzpflanzen wie Petersilie, Kümmel, Dill und Fenchel zählen zu dieser Familie.

Gewöhnlicher Hornklee
Lotus corniculatus

Merkmale: Der Hornklee hat bogig aufsteigende Stängel und gelbe, außen oft ein wenig rötliche Blüten. Sie stehen zu 3 bis 8 in kleinen Dolden zusammen, die am Grund 3 kleine, eiförmige Hochblätter aufweisen. Die Blütezeit der Pflanze ist sehr ausgedehnt: Sie erstreckt sich vom Frühling bis zum Ende des Sommers. Die Art gehört zur Familie der Schmetterlingsblütengewächse (Fabaceae = Papilionaceae).

Vorkommen: Auf Wiesen und Halbtrockenrasen, an Wegrändern und ähnlichen Stellen begegnet man dem Hornklee recht häufig. Er ist – mit Schwerpunkt im mittleren und westlichen Bereich – über große Teile Eurasiens verbreitet und kommt bis in Höhen um 2300 m vor.

Wissenswertes: Der Hornklee ist ein Rohbodenbesiedler und Bodenverbesserer (Bindung von Stickstoff aus der Luft durch in den »Wurzelknöllchen« lebende Bakterien!). Darüber hinaus hat er als Bienenweide und als wertvolle Futterpflanze Bedeutung. Auf Ersteres weist der in der Schweiz benutzte Name »Gebräuchlicher Honigklee« hin.

KURZCHECK

Wuchshöhe: 5-30 cm
Blütengröße: Einzelblüte 10-16 mm lang, Blütenstand bis ca. 3 cm im Durchmesser
Blattform: gefiedert

J	F	M	A	M	J	J	A	S	O	N	D

Gewöhnlicher Wundklee
Anthyllis vulneraria

Wuchshöhe: 10-30 cm
Blütengröße: Blütenstand bis
ca. 3 cm im Durchmesser
Blattform: ungeteilt und
gefiedert

Heilpflanze

KURZCHECK

| J | F | M | A | M | J | J | A | S | O | N | D |

Merkmale: Der bis 30 cm hohe Wundklee hat unterschiedlich geformte Blätter: Die Grundblätter sind überwiegend ungeteilt, die Stängelblätter dagegen gefiedert. Die Endfiedern sind dabei größer als die seitlichen Fiederblättchen. Ein gutes Kennzeichen sind die Blütenköpfe, in der zahlreiche goldgelbe Blüten gehäuft zusammenstehen. Die formenreiche Pflanze gehört zur Familie der Schmetterlingsblütengewächse (Fabaceae).

Vorkommen: Sonnige Kalkmagerrasen, Wegränder und trockene, sonnige Böschungen sind Stellen, an denen man dem Wundklee begegnen kann. Er kommt von der Ebene bis in Lagen um 1000 m Höhe vor und ist über weite Teile Europas verbreitet.

Wissenswertes: Der Name »Wund-«klee legt nahe, dass es sich um eine alte Heilpflanze handelt. Tatsächlich benutzte man früher zerquetschtes Kraut oder Tee zur Heilung von offenen Wunden und Entzündungen. Heute spielt der Wundklee keine große medizinische Rolle mehr.

Hopfenklee
Medicago lupulina

Merkmale: Der Hopfenklee hat einen bis 30 cm langen, kantigen Stängel, der aber oft liegend ausgebildet ist. Am Stängel sitzen 3-zählige Blätter. Die verkehrt-eiförmigen Fiedern sind beiderseits anliegend behaart. Die gelblichen Blüten stehen zu 10 bis 50 in fast kugeligen Trauben zusammen, die in der Form an die Blütenstände des Hopfens *(Humulus lupulus)* erinnern (Name!). Die Pflanze gehört zur Familie der Schmetterlingsblütengewächse (Fabaceae).

Wuchshöhe: 10-30 cm
Blütengröße: Einzelblüte 3-5 mm lang, Blütenstand 0,5 cm im Durchmesser
Blattform: 3-zählig

KURZCHECK

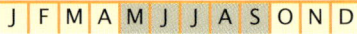

J | F | M | A | M | J | J | A | S | O | N | D

Vorkommen: Dem Hopfenklee begegnet man auf Wiesen, auf Magerrasen, an Wegrändern und Bahndämmen. Er ist über weite Teile Europas verbreitet, in den Bergen bis in 1400 m Höhe.

Wissenswertes: Eine nahe Verwandte des Hopfenklees ist die Luzerne *(Medicago sativa).* Diese Art wird bis 80 cm hoch und blüht ebenfalls von Mai bis September. Sie hat allerdings blaue, violette, weißliche, gelbliche oder grünliche Blüten. Die Luzerne wird als wertvolle Futterpflanze angebaut und verwildert oft. Ihre Heimat ist Vorderasien.

Echter Steinklee
Melilotus officinalis

Wuchshöhe: 30-90 cm
Blütengröße: Einzelblüte
4-7 mm, Blütenstand
4-10 cm lang
Blattform: 3-zählig

Heilpflanze

KURZCHECK

J	F	M	A	M	J	J	A	S	O	N	D

Merkmale: Die zweijährige Pflanze ist leicht an folgenden Merkmalen zu erkennen: Die kleinen gelben Blüten stehen in auffälligen Blütentrauben zusammen, die Trauben in den Blattachseln. Der kantige Stängel ist verzweigt. In Abständen sitzen daran die 3-zähligen Blätter, die allerdings andere Klee-Arten in ähnlicher Form auch haben. Neben dem gelb blühenden Echten Steinklee gibt es eine nah verwandte Art: den ganz ähnlichen, aber weiß blühenden Weißen Steinklee *(Melilotus albus)*. Beide Arten sind in die Familie der Schmetterlingsblütengewächse (Fabaceae) einzuordnen.

Vorkommen: Man findet den Echten Steinklee verbreitet in lichten Unkrautfluren, an Wegrändern, an Bahndämmen, auf Erdanrissen und auf Ödlandflächen. Die vertikale Verbreitungsgrenze liegt in 800-900 m Höhe. Die Art kommt in der gemäßigten Zone weltweit vor.

Wissenswertes: Der Steinklee ist eine Pionierart, die Rohböden besiedelt. Er hat einige Bedeutung als Bienenweide und ist eine altbekannte Heilpflanze (gegen Kopfschmerzen, Migräne und Krampfadern).

Gemeines Leinkraut

gelb *Linaria vulgaris*

Merkmale: Typisch für diese Pflanze sind die großen schwefelgelben Blüten mit dem orangefarbenen Schlund und dem langen, geraden und spitzen Sporn. Sie erinnern in der Form an die Blüten des nah verwandten Großen Löwenmäulchens *(Antirrhinum majus)*. Sie stehen in einer reichblütigen Traube zusammengefasst. Der Stängel ist dicht wechselständig beblättert. Die Blätter sind am Rand oft etwas umgebogen. Beide Arten gehören zur Familie der Rachenblütler (Scrophulariaceae).

Vorkommen: Wegränder, Straßenböschungen, Steinbrüche und Brachflächen mit lockerem, stickstoffhaltigem Boden – das sind Lebensräume, wo man das Leinkraut finden kann. Die Art ist über ganz Mitteleuropa verbreitet, in den Bergen bis in Höhen um 1300 m.

Wissenswertes: Die Wurzeln des Leinkrautes reichen bis 1 m tief hinab. Der Bau der Blüten ermöglicht es nur kräftigen Insekten (Hummeln), sich Zugang zum Inneren zu verschaffen. Das in der Pflanze enthaltene Linarin wirkt harn- und schweißtreibend.

KURZCHECK

Wuchshöhe: 20-75 cm
Blütengröße: Krone ohne Sporn 16-22 mm, mit Sporn 22-30 mm lang
Blattform: schmal lanzettlich

Heilpflanze

| J | F | M | A | M | J | J | A | S | O | N | D |

Goldnessel
Galeobdolon luteum, Lamiastrum galeobdolon

KURZCHECK

Wuchshöhe: 20-60 cm
Blütengröße: 17-21 mm lang
Blattform: herz-eiförmig, Rand gesägt

J	F	M	A	M	J	J	A	S	O	N	D

Merkmale: Typisch für die ausdauernde Pflanze sind der 4-kantige Stängel und die kreuzgegenständig angeordneten Blätter. Die herz-eiförmigen Blätter mit dem gesägten Rand erinnern in ihrer Form und der deutlich hervortretenden Aderung an die von Brennnesseln (*Urtica*-Arten), haben aber keine Brennhaare, und daher trägt die Pflanze auch den Namen Gelbe »Taub-«nessel. Die Blüten sind blass- bis goldgelb gefärbt (Name!) und stehen in Scheinquirlen (bis 8 einzelne Blüten) zusammen.

Vorkommen: Die Goldnessel kommt auf frischen, nährstoffreichen Böden in krautreichen Laub- und Nadelmischwäldern überall häufig vor. Die Art ist über fast ganz Europa bis in 2000 m Höhe verbreitet.

Wissenswertes: Taubnesseln wirken eher unscheinbar, auch wenn ihre Blüten recht interessant gebaut sind. Hier lohnt sich ein Blick mit der Lupe: Ein glockenförmiger, 5-zähliger Kelch umschließt die zweiseitig-symmetrische Blumenkrone. Man kann eine Oberlippe und eine Unterlippe unterscheiden und rechnet die Pflanzen deshalb zu den Lippenblütlern (Lamiaceae oder Labiatae).

Zottiger Klappertopf
Rhinanthus alectorolophus

Merkmale: Die Pflanze hat eine deutlich 2-lippige, gelbe Blüte mit einer schwach gekrümmten Kronröhre. Die Stängelblätter sind eiförmig bis lanzettlich, die Hochblätter gezähnt. Stängel, Hochblätter und Kelch sind zottig behaart (Name!). Die reifen Samen in den Fruchtkapseln verursachen beim Schütteln ein klapperndes Geräusch (Name!). Der Klappertopf gehört zur Familie der Rachenblütler (Scrophulariaceae).

KURZCHECK

Wuchshöhe: 10-50 cm
Blütengröße: 18-20 mm lang
Blattform: eiförmig bis lanzettlich

| J | F | M | A | M | J | J | A | S | O | N | D |

Vorkommen: Man findet den Klappertopf auf Fettwiesen in warmen Lagen, auf Halbtrockenrasen und auf ähnlichen Flächen bis in 2300 m Höhe. Er wächst meist gesellig.

Wissenswertes: Der Klappertopf ist ein Wurzelschmarotzer. Er hat selbst nur ein gering entwickeltes Wurzelwerk, und die wenigen Wurzeln heften sich mit kleinen Warzen an den Wurzeln der Nachbarpflanzen (Gräser) an. Diesen werden Nährsalze entzogen - oft in einem Maße, das sie kränkeln oder gar absterben lässt. Der Klappertopf ist aber eine grüne Pflanze und kann deshalb auch selbst Fotosynthese treiben.

Rührmichnichtan, Großes Springkraut

Impatiens noli-tangere

Wuchshöhe: bis 80 cm
Blütengröße: 20–35 mm lang
Blattform: eiförmig, am Rand grob gesägt

J	F	M	A	M	J	J	A	S	O	N	D

Merkmale: Das zu den Balsaminengewächsen (Balsaminaceae) gehörende Rührmichnichtan erreicht eine stattliche Höhe. Es hat einen saftigen, glasig wirkenden Stängel. Die gestielten Blätter sind wechselständig angeordnet. Die gelben Blüten mit dem gekrümmten Sporn hängen in gestielten Trauben herab. Die Blütezeit liegt im Sommer.

Vorkommen: Die schattenliebende Pflanze kommt recht häufig in feuchten Laub- und Mischwäldern vor. Deshalb heißt sie in der Schweiz auch »Wald-Springkraut«. In den Bergen ist sie bis in über 1200 m Höhe anzutreffen.

Wissenswertes: Hoch interessant ist der Verbreitungsmechanismus der Springkrautsamen: Die saftigen, schotenähnlichen Fruchtkapseln stehen unter hohem innerem Druck. Bei Berührung reißen die 5 Klappen der Kapsel explosionsartig auf (Name!); dabei werden die Samen weit fortgeschleudert. Biologen nennen so etwas Selbstverbreitung – wenn auch das Aufplatzen der Kapseln vom Wind oder von Tieren ausgelöst wird. Denselben Verbreitungsmechanismus weisen die anderen Springkraut-Arten auf (siehe S. 106).

Sumpf-Schwertlilie

gelb

Iris pseudacorus

Merkmale: Die namensgebenden Blätter werden 1–3 cm breit und bis 1 m lang. Sie wachsen aus einem dicken, im Boden überdauernden Wurzelstock hervor, der gewöhnlich stark verzweigt ist, sodass ein horstartiger Wuchs zustande kommt. In der Mitte des Horstes werden die bis 1,20 m hohen Blütenstängel emporgeschoben. Die lang gestielten, sattgelben Blüten mit der feinen braunen Linienzeichnung stehen in einer kleinen Traube (4 bis 12 Blüten) zusammen. Die äußeren 3 Blütenblätter der Krone sind zurückgeschlagen, die inneren 3 stehen aufrecht. Das ist typisch für die Schwertliliengewächse (Iridaceae).

KURZCHECK

Wuchshöhe: 50–120 cm
Blütengröße: 7–10 cm lang
Blattform: linealisch, säbelförmig

Geschützt
Heilpflanze

J	F	M	A	M	J	J	A	S	O	N	D

Vorkommen: Die Art ist über die ebenen und hügeligen Lagen Europas, Vorderasiens und Nordamerikas verbreitet. Sie ist in Wald- und Wiesensümpfen, an Gräben, an den Ufern von Bächen und Flüssen und in der Verlandungszone stehender Gewässer bis in etwa 1000 m Höhe anzutreffen.

Wissenswertes: In Österreich wird die Art auch »Gelbe Schwertlilie« und »Wasser-Schwertlilie« genannt.

Sumpfdotterblume
Caltha palustris

Wuchshöhe: 15-40 cm
Blütengröße: Durchmesser
  15-45 mm
Blattform: herz- bis nieren-
  förmig, Rand gekerbt

Heilpflanze

KURZCHECK

J	F	M	A	M	J	J	A	S	O	N	D

Merkmale: Die Pflanze überdauert mit einem kräftigen Wurzelstock. Die am Grund rötlich überlaufenen Stängel sind hohl, saftig und verzweigen sich nach oben hin. An den sattgrünen, glänzenden, unbehaarten Blättern mit den langen, rinnigen Stängeln lassen sich auch nicht blühende Pflanzen eindeutig erkennen. Die großen dottergelben Blüten (Name!) weisen 5 Kronblätter, 20 und mehr Staubgefäße und 5 bis 10 Stempel auf, zwischen denen kleine Honigdrüsen sitzen. Die Pflanze gehört zur Familie der Hahnenfußgewächse (Ranunculaceae).

Vorkommen: Die Sumpfdotterblume ist über ganz Europa, das mittlere Asien und Nordamerika verbreitet. Bei uns kommt sie überall an Graben- und Bachrändern sowie am Ufer verlandender Gewässer, aber auch auf sumpfigen, moorigen Wiesen und in Quellsümpfen bis in 2200 m Höhe vor.

Wissenswertes: Weidevieh verschmäht die Pflanze meist, da die Blätter und die Wurzeln bitter-scharf schmecken. Nach der Befruchtung bilden sich mehrsamige, kurz geschnäbelte Balgfrüchte aus.

Trollblume

gelb *Trollius europaeus*

Merkmale: Auf den ersten Blick sieht die Trollblume einem großen, üppig gewachsenen Hahnenfuß (*Ranunculus*-Arten) ähnlich, und sie gehört auch tatsächlich zur Familie der Hahnenfußgewächse (Ranunculaceae). Die Blätter sind handförmig geteilt und auf der Oberseite dunkler grün gefärbt als auf der Unterseite. Die grundständigen Blätter haben

Wuchshöhe: 10-50 cm
Blütengröße: 30-50 mm im Durchmesser
Blattform: handförmig geteilt

Gefährdet
Geschützt

KURZCHECK

lange Stiele, die höher stehenden sitzen dem Stängel unmittelbar an. Besonders auffällig sind die großen Blüten: Jeweils 5 bis 15 Blütenblätter schließen sich zu goldgelben Kugeln zusammen.

Vorkommen: Zur Blütezeit sind in den Fettwiesen der Tieflagen oft ganze Flächen gelb gefärbt; andernorts sind es feuchte Wiesen, Quellsümpfe und moorige Stellen. Die Trollblume kommt nämlich stets gesellig vor, ist aber nicht überall anzutreffen. Bestände sind bis in 2400 m Höhe zu finden.

Wissenswertes: Tiefer wachsende Pflanzen werden wesentlich stattlicher als die der Hochlagen. In Österreich wird die Pflanze auch »Butterblume« genannt – wie andernorts manche Hahnenfuß-Arten.

Gelbe Teichrose
Nuphar lutea

KURZCHECK

Wuchshöhe: Schwimmblatt-
  pflanze
Blütengröße: 12–40 mm
  im Durchmesser
Blattform: eiförmig

Geschützt

| J | F | M | A | M | J | J | A | S | O | N | D |

Merkmale: Der Wurzelstock der Teichrose kann bis 10 cm dick und 3 m lang werden. Er trägt zahlreiche Blattnarben und Büschel von Wurzeln. An der Spitze des Wurzelstocks entwickeln sich erst einige Salatblätter, dann die lang gestielten Schwimmblätter. Die Blüten haben 5 große, gelbe Kelchblätter; kleine Honigblätter bilden die eigentliche Blumenkrone. Die Pflanze gehört zur Familie der Seerosengewächse (Nymphaeaceae).

Vorkommen: Die Teichrose ist von Europa durch das mittlere Asien bis nach Sibirien verbreitet. In Mitteleuropa ist sie in stehenden oder in sehr langsam fließenden Gewässern mit Schlammgrund häufig anzutreffen, vor allem in der Verlandungszone von Weihern und Seen. Wie die Weiße Seerose (*Nymphaea alba*, siehe S. 48) ist sie eine typische Art der Schwimmblattgesellschaften, geht aber etwas weiter hinaus (bis 2 m Wassertiefe). In den Bergen liegt die Grenze der Vorkommen bei knapp 1100 m.

Wissenswertes: In Österreich wird die Pflanze »Gelbe Nixenblume« genannt.

Scharbockskraut
Ranunculus ficaria

Merkmale: Schon zeitig im Frühjahr sprießen die niederliegenden, hohlen Stängel des Scharbockskrautes mit den saftiggrünen, glänzenden Blättern aus dem Boden hervor. Die Pflanze gehört zur Familie der Hahnenfußgewächse (Ranunculaceae). Die Blattstiele umhüllen den Stängel scheidenartig. Wenig später öffnen sich die goldgelben Blüten. Zu Verwechslungen mit dem Scharbockskraut mögen einige Hahnenfuß-*(Ranunculus-)*Arten Anlass geben.

Vorkommen: Das Scharbockskraut wächst häufig und gesellig in krautreichen Auen- und Laubmischwäldern. Es kommt von der Ebene bis in mittlere Gebirgslagen (etwa 1400 m Höhe) vor.

Wissenswertes: Die Pflanze gehört zu den Frühblühern. Sie speichert die zum zeitigen Wachstum notwendigen Nährstoffe in keulenförmig verdickten Wurzeln. Der Name der Pflanze bezieht sich auf die Verwendung der Vitamin C enthaltenden Blätter als Mittel gegen Skorbut, eine Krankheit, die sich bei Vitamin-C-Mangel entwickelt: »Scharbockskraut« = »Skorbutskraut«!

KURZCHECK

Wuchshöhe: 5-15 cm
Blütengröße: Durchmesser 15-40 mm
Blattform: herz- bis nierenförmig

Heilpflanze

J	F	M	A	M	J	J	A	S	O	N	D

Scharfer Hahnenfuß
Ranunculus acris

KURZCHECK

Wuchshöhe: 30-100 cm
Blütengröße: Durchmesser
  10-25 mm
Blattform: handförmig, 3- bis
  5-teilig

Giftig!

| J | F | M | A | M | J | J | A | S | O | N | D |

Merkmale: Der Scharfe Hahnenfuß ist ein ganz typischer Vertreter aus der Familie der Hahnenfußgewächse (Ranunculaceae). Der Name »Hahnenfuß« bezieht sich auf die Blattform: Die Blätter der meisten Arten sind tief geteilt oder gelappt. Beim Scharfen Hahnenfuß sind die grundständigen Blätter durch tiefe Einschnitte in 5 Zipfel geteilt, die wie die Finger einer Hand angeordnet sind. Die Blätter am bis 1 m hohen Blütenstängel sind oben nur noch 3-zipfelig, und diese Blätter ähneln dem Fuß eines Hahns. Die gelbe Blüte ist aus 5 Kelch- und 5 Kronblättern aufgebaut; hinzu kommen zahlreiche Staubblätter und viele Stempel. Die sichere Bestimmung der einzelnen Hahnenfuß-Arten ist nicht ganz einfach, da viele einander sehr ähneln.

Vorkommen: Der Scharfe Hahnenfuß bestimmt im ausgehenden Frühling (Mai/Juni) den Aspekt von nährstoffreichen Wiesen und Weiden. Er kommt bis in 2400 m Höhe vor und ist über ganz Europa verbreitet.

Wissenswertes: Die Pflanze ist giftig, solange sie frisch ist. Weit verbreitet ist der Volksname »Butterblume« für den Scharfen Hahnenfuß.

Schöllkraut

gelb

Chelidonium majus

Merkmale: Die Pflanze ist oft wollig behaart. Die unregelmäßig gefiederten Blätter sind unterseits blaugrün gefärbt. Die leuchtend gelben Blüten weisen 4 gelbe Kronblätter, zahlreiche Staubblätter und 2 Kelchblätter auf. Sie stehen zu 2 bis 8 in lockeren Dolden zusammen. Die Früchte (Schoten) werden bis 5 cm lang. Die Pflanze gehört zur Familie der Mohngewächse (Papaveraceae).

Vorkommen: Das Schöllkraut trifft man an Mauern und auf Ruderalflächen, an Wegrändern und in Gebüschen, auch an lichten Waldrändern an. Die Art ist über weite Teile Europas, Asiens und Nordafrikas verbreitet und kommt bis in 900 m Höhe vor.

Wissenswertes: Reißt man Teile der Pflanze ab, tritt an der Stelle ein giftiger, gelber Milchsaft aus. Dieser Saft wurde in der Volksmedizin gegen Warzen eingesetzt. Experimentell konnte eine entsprechende Wirkung aber nicht bestätigt werden, dennoch spielt die Pflanze heute noch eine gewisse Rolle in der Medizin.

Gänse-Fingerkraut
Potentilla anserina

Merkmale: Die mehrjährige Pflanze treibt aus einer verdickten Erdknolle lange, kriechende Stängel hervor, an denen die charakteristischen Blätter sitzen. Sie werden bis 20 cm lang und sind aus 10 bis 20 einzelnen gesägten Fiederblättchen zusammengesetzt. Auf der Oberseite sind die Blätter grün gefärbt und leicht behaart, auf der Unterseite dagegen auffallend silberweiß und seidenhaarig. Auffällig sind auch die gestielten, gelben Blüten mit den 5 Kronblättern. Das Gänse-Fingerkraut gehört zur Familie der Rosengewächse (Rosaceae).

Vorkommen: Die Pflanze ist auf Feldwegen, an Straßenrändern, auf Schuttplätzen und auf ähnlichen Standorten häufig zu finden. Von der Ebene bis in Lagen um 900 m kommt sie in den gemäßigten Zonen heute weltweit vor.

Wissenswertes: Das Gänse-Fingerkraut ist eine Pionierpflanze, die als eine der ersten Arten etwa aufgeschütteten Boden oder neu angelegte Wegböschungen besiedelt. In der Volksmedizin wurde es gegen krampfartige Beschwerden eingesetzt.

Großblütige Königskerze
Verbascum densiflorum

Merkmale: Die Pflanze ist zweijährig. Über die Blattrosette am Boden erhebt sich ein kräftiger, aufrechter Stängel mit einem wenig verästelten, dichtblütigen Blütenstand. Die großen, gelben Blüten stehen zu 2 bis 7 in Knäueln zusammen in den Blattachseln. Die Staubblätter sind ungleich: Die oberen 3 sind dicht behaart, die unteren 2 kahl. Die Stängelblätter sind deutlich gekerbt. Königskerzen gehören zur Familie der Rachenblütler (Scrophulariaceae).

Wuchshöhe: 50-250 cm
Blütengröße: 20-55 mm im Durchmesser
Blattform: breit lanzettlich-herzförmig bis breit eiförmig

Heilpflanze

KURZCHECK

| J | F | M | A | M | J | J | A | S | O | N | D |

Vorkommen: Die Pflanze ist auf besonnten Brachflächen, an Wegrändern, an Straßenböschungen und auf Waldlichtungen anzutreffen. Sie bevorzugt kalkhaltigen Boden. Die Verbreitung erstreckt sich über Mittel- und Südeuropa bis in Mittelgebirgslagen um 1000 m. In den Alpen fehlt die Art.

Wissenswertes: Die Großblütige Königskerze bildet etwa 200 Blüten und rund 60.000 Samen aus. In der Volksmedizin wird die Pflanze als Hustenmittel und gegen Rheuma eingesetzt. Hustentees werden die Blütenblätter von Königskerzen beigemischt.

Gewöhnliche Nachtkerze
Oenothera biennis

Wuchshöhe: 50–200 cm
Blütengröße: Kronblätter
  15–30 mm lang, Blüten
  40–50 mm im Durchmesser
Blattform: lanzettlich

KURZCHECK

| J | F | M | A | M | J | J | A | S | O | N | D |

Merkmale: Die lanzettlichen Blätter werden bis 15 cm lang und sind entweder ganzrandig oder am Rand gezähnt. Im untersten Stängelbereich weisen die Blätter noch einen Stiel auf, im oberen Bereich sind sie meist sitzend. Die Pflanze gehört zur Familie der Nachtkerzengewächse (Onagraceae, Oenotheraceae)

Vorkommen: Die Nachtkerze ist ein typischer Bewohner von Ruderalflächen: Straßenrändern, Böschungen, Bahndämmen, Hafenanlagen und Mittelstreifen der Autobahnen. Die Art ist über ganz Mitteleuropa verbreitet und bis in 700 m Höhe anzutreffen.

Wissenswertes: Die Pflanze stammt aus Nordamerika und wurde bei uns eingeschleppt. Allerding ist dies schon im frühen 17. Jahrhundert geschehen. Die großen gelben Blüten öffnen sich erst in der Abenddämmerung (daher der Name »Nacht-«kerze!). Sie verströmen einen starken Duft. Aus dem Artnamen »biennis« lässt sich erkennen, dass es sich um eine zweijährige Pflanze handelt. In der Schweiz spiegelt sich dies auch im deutschen Namen wider; dort heißt die Art »Zweijährige Nachtkerze«.

Tüpfel-Johanniskraut

gelb *Hypericum perforatum*

Merkmale: Die Staude ist an den gelben Blüten mit den langen, ebenfalls gelben Staubblättern gut zu erkennen. Die Blüten stehen in Trugdolden zusammen. Die eiförmigen Blätter sind kreuzgegenständig an den aufrechten Stängeln angeordnet. Die Pflanze gehört zur Familie der Johanniskraut- oder Hartheugewächse (Hypericaceae).

Wuchshöhe: 30-60 cm
Blütengröße: 18-22 mm im Durchmesser
Blattform: eiförmig bis länglich

Heilpflanze

KURZCHECK

J	F	M	A	M	J	J	A	S	O	N	D

Vorkommen: Wegränder und Straßenböschungen, Brachflächen, Magerrasen und Heiden sind typische Lebensräume, wo das Johanniskraut gedeiht. Die Art ist über ganz Mitteleuropa verbreitet und in den Bergen bis in 1500 m Höhe anzutreffen.

Wissenswertes: Die in den Namen aufgenommenen Tüpfel bezeichnen die Öldrüsen in den Blättern. Man kann diese schön sehen, wenn man Blätter gegen das Licht hält. Es entsteht der Eindruck, als seien die Blätter durchlöchert; darauf bezieht sich der wissenschaftliche Artname »perforatum«. Johanniskraut enthält Hypericin. Die Substanz wirkt entzündungshemmend. Außerdem wird das Johanniskraut gegen Depressionen eingesetzt.

Acker-Senf
Sinapis arvensis

Wuchshöhe: 20-60 cm
Blütengröße: 9-12 mm im Durchmesser
Blattform: ungeteilt, Blattrand ungleich groß gezähnt

J F M A M J J A S O N D

Merkmale: Den einjährigen Acker-Senf erkennt man an den sitzenden, borstig behaarten oberen Stängel-blättern. Die Blüten sind schwefel-gelb. Typisch sind die 5-6 mm langen, waagerecht abstehenden Kelchblätter. Die Schoten werden 20-40 mm lang; die Samen sind schwarz. Die Pflanze gehört zur Familie der Kreuzblütlergewächse (Brassicaceae = Cruciferae). Gelb blühende Kreuzblütler sind insgesamt nicht ganz einfach zu bestimmen (Bestimmungsflora!).

Vorkommen: Der Senf ist ein häufiges Ackerkraut. Man findet ihn zudem an Wegrändern und auf Brachland. Er wächst bis in 1200 m Höhe und ist über fast ganz Europa verbreitet.

Wissenswertes: Aus den Samen der Pflanze kann man tatsächlich Senf her-stellen. Besser geeignet sind dafür allerdings die des nah verwandten Kultur-Senfes, einer Unterart des Weißen Senfes *(Sinapis alba).* Diese - trotz ihres Namens hellgelb blühende - Kulturpflanze stammt aus dem östlichen Mittel-meergebiet. Ihre Samen sind gelblich gefärbt.

Weg-Rauke

gelb *Sisymbrium officinale*

Merkmale: Die bis 60 cm hohe, sparrige Weg-Rauke ist einjährig. Die behaarten Blätter sind fiederspaltig, wobei die untersten Fiederpaare manchmal ohrenartig geformt sind. Ziemlich unauffällig wirken die sehr kleinen Kreuzblüten. Deren 4 Kronblätter sind blassgelb gefärbt. Die schmal-eiförmigen, kaum 2 mm langen Kelchblätter stehen aufrecht. Die Schoten werden 10-20 mm lang und 1 mm dick und haben eine linealische Form. Die Rauke gehört zur Familie der Kreuzblütlergewächse (Brassicaceae = Cruciferae).

Wuchshöhe: 30-60 cm
Blütengröße: Kronblätter 1-3 mm lang
Blattform: fiederspaltig

KURZCHECK

J F M A M J J A S O N D

Vorkommen: Die häufige Pflanze ist an Wegrändern, auf Dämmen und auf Schuttplätzen anzutreffen, aber auch in Gärten und auf Äckern. Sie ist über fast ganz Europa verbreitet, fehlt aber in Lagen von über rund 1000 m.

Wissenswertes: Die Weg-Rauke ist eine typische Pflanze vom Menschen genutzter oder bewirtschafteter Flächen. Sie ist eine Pionierart, besiedelt also rohe Böden (z. B. neu aufgeschüttete oder angerissene Flächen), und sie zeigt im Boden reichlich vorhandenen Stickstoff an.

Scharfer Mauerpfeffer
Sedum acre

Wuchshöhe: 5-15 cm
Blütengröße: 10-12 mm im Durchmesser
Blattform: eiförmig

J	F	M	A	M	J	J	A	S	O	N	D

Merkmale: Die formenreiche Pflanze bleibt stets niedrig, bildet aber oft flächige Bestände, die zur Blütezeit sofort auffallen. Die Blätter werden nur 4 mm lang und bis 3 mm breit und sind auf der Oberseite abgeflacht. Die 5 goldgelben Kronblätter stehen fast waagerecht ab. Darunter sitzen die 5 grünen Kelchblätter. Insgesamt ergeben sich sternförmige Blüten, die in kleinen Trugdolden zusammenstehen. Der Mauerpfeffer gehört zur Familie der Dickblattgewächse (Crassulaceae).

Vorkommen: Man trifft den Scharfen Mauerpfeffer an trockenen, besonnten Stellen an. Typische Lebensräume sind Sandfelder und Felsfluren. Auch an Mauern findet man die Pflanze, und sie eignet sich gut zur Begrünung von Flachdächern. Die Art ist bis in 2000 m Höhe verbreitet.

Wissenswertes: Die dicken, fleischigen Blätter dienen dem Mauerpfeffer zur Speicherung von Wasser – eine Anpassung an trockene Standorte. Sie haben einen scharfen Geschmack, und darauf bezieht sich der Name der Pflanze. Der Saft kann bei Insektenstichen lindernd wirken.

Wechselblättriges Milzkraut, Gold-Milzkraut
Chrysosplenium alternifolium

Merkmale: Die Stängelblätter sind – wie sowohl der deutsche Name als auch der wissenschaftliche Artname besagen – wechselständig angeordnet. Der Stängel selbst ist 3-kantig (!). Die Blütenstände bzw. Blüten dieser Pflanze sollte man sich näher ansehen: Kronblätter fehlen, und stattdessen verursachen Hochblätter die Schauwirkung. Sie sind hier gold-gelb gefärbt. Es gibt in Mitteleuropa auch das ganz ähnlich aussehende Gegenblättrige Milzkraut *(Chrysosplenium oppositifolium)*. Bei dieser Art sind die Stängelblätter gegenständig angeordnet; außerdem ist der Stängel 4-kantig (!). Familie: Steinbrechgewächse (Saxifragaceae).

Vorkommen: Das Milzkraut findet man auf kalkhaltigem Boden im Unterwuchs feuchter Wälder (Auen- und Schluchtwälder) und an Bachufern. Die Art ist über ganz Mitteleuropa verbreitet und in den Bergen bis in rund 2000 m Höhe anzutreffen.

Wissenswertes: Der deutsche Name weist darauf hin, dass es sich um eine alte Heilpflanze handelt. Die Art wurde früher gegen Milzleiden eingesetzt.

Wuchshöhe: 8-15 cm
Blütengröße: Einzelblüte 2-3 mm groß
Blattform: herz- bis nieren-förmig

Heilpflanze

J	F	M	A	M	J	J	A	S	O	N	D

KURZCHECK

Zypressen-Wolfsmilch
Euphorbia cyparissias

Wuchshöhe: 15–40 cm
Blütengröße: Blütenstand ca.
5 cm im Durchmesser
Blattform: linealisch

Giftig!

| J | F | M | A | M | J | J | A | S | O | N | D |

Merkmale: Auf den ersten Blick scheint die Wolfsmilch einen unauffällig gelblich-grünlich gefärbten Blütenstand zu haben. Bei näherem Hinsehen zeigt sich jedoch, dass das, was wie eine einzelne Blüte aussieht, für sich allein schon ein Blütenstand ist, allerdings einer mit sehr reduzierten Einzelblüten. Mehrere dieser sogenannten Cyathien sind zu einem doldenähnlichen Gesamtblütenstand vereinigt. Die Zypressen-Wolfsmilch hat nur wenige Millimeter breite, am Rand umgerollte, wechselständig angeordnete Blätter und gehört zur Familie der Wolfsmilchgewächse (Euphorbiaceae).
Vorkommen: Man findet die Pflanze truppweise auf mageren Weiden, an Wegrändern und auf Ödlandflächen. Ebene Lagen werden besiedelt, aber auch mittlere Gebirgslagen. Bei etwa 2200 m Höhe liegt die vertikale Grenze.
Wissenswertes: Der deutsche Name bezieht sich auf den weißen Milchsaft, der austritt, wenn man etwa den Stängel zerreißt oder die Pflanze anderweitig verletzt. Der Saft ist giftig, und die Pflanze wird von vielen Weidetieren verschmäht. Betupft man Warzen mit dem Milchsaft, sollen sie verschwinden.

Wald-Schlüsselblume, Hohe Schlüsselblume

gelb *Primula elatior*

Merkmale: Die ausdauernde Wald-Schlüsselblume gehört zur Familie der Primelgewächse (Primulaceae). Sie überwintert mit einem kurzen, dicken Wurzelstock. Aus der Blattrosette am Boden wird der Blütenstängel emporgeschoben. Die schwefelgelben Blüten stehen doldig gehäuft. Bei der sehr ähnlichen Wiesen-Schlüsselblume (*Primula veris*, siehe S. 87) bestehen die Dolden aus vielen goldgelben – und duftenden! – Einzelblüten.

KURZCHECK

Wuchshöhe: bis 20 cm
Blütengröße: 15-25 mm im Durchmesser
Blattform: länglich-eiförmig, runzlig, Rand gekerbt

Geschützt   Heilpflanze

J	F	M	A	M	J	J	A	S	O	N	D

Vorkommen: Die Wald-Schlüsselblume gedeiht besonders auf frischen, nährstoffreichen Lehmböden. Sie ist in Laub- und Mischwäldern mit gut ausgebildeter Krautschicht und in Wiesen überall anzutreffen und über fast ganz Europa verbreitet, vertikal bis 2400 m.

Wissenswertes: Schaut man sich die Blüte einer Schlüsselblume einmal genauer an, stellt man fest, dass der untere Teil der Blumenkrone und der Kelch röhrenförmig ausgebildet sind. Da der Nektar aber nur am Grund der Blütenröhre abgeschieden wird, kommen als Bestäuber auch nur Insekten mit langen Rüsseln in Frage, vor allem Schmetterlinge.

Wiesen-Schlüsselblume, Duftende Schlüsselblume, Frühlings-Schlüsselblume
Primula veris

Wuchshöhe: 20 cm
Blütengröße: 9-15 mm im Durchmesser
Blattform: länglich-eiförmig, runzlig, Rand gekerbt

Heilpflanze

KURZCHECK

| J | F | M | A | M | J | J | A | S | O | N | D |

Merkmale: Die jungen Blätter stehen nach oben, sind runzelig und an den Rändern eingerollt. Später verschwindet die Runzelung fast, die Eiform kommt zur vollen Entwicklung, und die Blätter senken sich. Über die typische Blattrosette erheben sich meist mehrere Blütenstängel, die fein behaart sind. Der Blütenstand ist eine Dolde, die sich aus vielen goldgelben Einzelblüten zusammensetzt. Ihr Blütensaum ist vertieft, und es fallen 5 rote Flecken im Schlund der Blüten auf. Der Kelch ist glockig aufgeblasen. Und die Blüten duften – im Gegensatz zu denen der Wald-Schlüsselblume (*Primula elatior* – siehe S. 86)! Familie: Primelgewächse (Primulaceae).

Vorkommen: Die Wiesen-Schlüsselblume gedeiht am besten auf trockeneren Wiesen, auf Kalkmagerrasen, an Rainen und an Waldrändern. Sie ist über fast ganz Europa bis in Höhen um 1700 m verbreitet.

Wissenswertes: Der wissenschaftliche Gattungsname deutet es schon an: Die Wiesen-Schlüsselblume gehört zu den ersten blühenden Pflanzen im Frühling.

Gemeines Kreuzlabkraut
Cruciata laevipes

Merkmale: Die Pflanze hat einen 4-kantigen, steif behaarten Stängel. Die Blätter stehen zu 4 in Quirlen zusammen, die gelben Blüten in den Blattachseln. Ebenfalls gelb blüht das bis 1 m hohe Echte Labkraut *(Galium verum)*, eine Heilpflanze. Bei dieser Art stehen die Blüten in endständigen Rispen und jeweils 8 bis 12 Blätter in Quirlen zusammen. Die Blüte-

KURZCHECK

Wuchshöhe: bis 50 cm
Blütengröße: 2–2,5 mm im Durchmesser
Blattform: breit-eiförmig, in Quirlen

J	F	M	A	M	J	J	A	S	O	N	D

zeit liegt zwischen Juni und September. Beide Arten gehören zur Familie der Rötegewächse (Rubiaceae).

Vorkommen: Das Kreuzlabkraut wächst auf Wiesen, an Waldrändern und am Ufer von Gewässern. In den Bergen ist es bis in 1600 m Höhe anzutreffen.

Wissenswertes: Nah verwandt mit dem Kreuzlabkraut und dem Echten Labkraut sind das weiß blühende Wiesen-Labkraut *(Galium mollugo)* und der Waldmeister *(Galium odoratum*, siehe S. 36). Der Name »Lab«-kraut bezieht sich darauf, dass aus den Pflanzen – vor allem aus dem Echten Labkraut – früher Lab gewonnen wurde. Dabei handelt es sich um Enzyme, die Milch schnell zum Gerinnen bringen.

Gemeiner Gilbweiderich
Lysimachia vulgaris

KURZCHECK

Wuchshöhe: bis 150 cm
Blütengröße: 15–20 mm im
  Durchmesser
Blattform: länglich-eiförmig

J	F	M	A	M	J	J	A	S	O	N	D

Merkmale: Der Gilbweiderich fällt durch seine Größe, vor allem aber durch seinen dichten Blütenstand bald auf. Die goldgelben Blüten stehen in einer Rispe gehäuft. Krone und Kelch sind 5-zipfelig. Die Krone hat Glockenform, die Kelchblätter haben meist einen schmalen, roten Rand. Die 8–15 cm langen und 1–3,5 cm breiten Blätter sind länglich-eiförmig und kurz gestielt oder sitzend. Auf der Oberseite sind sie zerstreut, auf der Unterseite dicht behaart. Sie sind entweder gegenständig oder 3-, selten auch 4-quirlig angeordnet. Die Pflanze gehört zur Familie der Primelgewächse (Primulaceae).

Vorkommen: Die Art ist über das gemäßigte Eurasien verbreitet. Sie wächst auf feuchten Wiesen, an Quellaustritten, an Bachrändern und an ähnlichen Stellen. Ihre Vorkommen liegen maximal 1850 m hoch.

Wissenswertes: Blüten und Blätter des häufigen Gilbweiderichs verwendete man früher als Heilmittel gegen Geschwüre, Skorbut und Fieber. Heute spielt die Pflanze keine medizinische Rolle mehr.

Kanadische Goldrute

gelb *Solidago canadensis*

Merkmale: Die Goldrute ist aufgrund ihrer Wuchshöhe und ihrer goldgelben Blüten eine sehr auffällige Pflanze. Die Einzelblüten sind zwar nur klein, aber sie stehen in dichten, länglichen Blütenständen (Rispen) zusammen (Schauwirkung!). Der Stängel ist kurz behaart und verkahlt später unten. Die Goldrute gehört zur Familie der Köpfchen- oder Körbchenblütler (Asteraceae).

Wuchshöhe: 50–250 cm
Blütengröße: Köpfchen mit
    4–6 mm Durchmesser, Rispe
    bis 7 cm lang
Blattform: lanzettlich, vorne
    am Rand gesägt

KURZCHECK

J	F	M	A	M	J	J	A	S	O	N	D

Vorkommen: Die Goldrute findet man – meist in dichten Beständen – auf Brachland. Typische Lebensräume sind Schuttfluren, Böschungen und Wegränder. Die Art ist über ganz Europa verbreitet und bis in 900 m Höhe anzutreffen.

Wissenswertes: Die Goldrute stammt aus Nordamerika. Sie wurde als dekorative Gartenblume bei uns eingeführt und ist dann verwildert (Neophyt). Heute hat sich die Art auf geeigneten Standorten zu Ungunsten einheimischer Arten stark ausgebreitet. Die Pflanze blüht relativ spät im Jahr, bildet reichlich Nektar aus und spielt deshalb als Bienenweide eine recht große Rolle.

Rainfarn
Chrysanthemum vulgare

Wuchshöhe: 40-130 cm
Blütengröße: Köpfchen
8-11 mm im Durchmesser
Blattform: gefiedert

Heilpflanze

J	F	M	A	M	J	J	A	S	O	N	D

Merkmale: Eines fällt beim Betrachten des Rainfarns sofort ins Auge: Seinen Blütenköpfchen fehlen die Zungenblüten; es sind lediglich gelbe Röhrenblüten vorhanden. Am Stängel sitzen gefiederte Blätter, die ihrerseits aus 8 bis 12 länglich-lanzettlichen, fiederschnittig gesägten Blättchen aufgebaut sind. Die Form der Fiederblätter erinnert an die mancher Farne (Name!). Die Pflanze gehört zur Familie der Köpfchen- oder Körbchenblütler (Asteraceae).

Vorkommen: Der Rainfarn ist eine häufige Pflanze, die man überall in staudenreichen Unkrautfluren, an Wegrändern, auf Bahndämmen, an Feldrainen und an ähnlichen Stellen sehen kann. Meist wächst er gesellig. Seine Vorkommen liegen bis in etwa 1200 m Höhe. Die Art ist heute weltweit verbreitet.

Wissenswertes: Sowohl die gelben Blütenköpfe als auch die Blätter wurden früher als Hausmittel gegen Endoparasiten und bei Magen- und Blasenerkrankungen angewendet. Getrocknete Büschel sollten sogar vor Blitzeinschlag und bösen Geistern schützen.

Gemeines Greiskraut
Senecio vulgaris

Merkmale: Die sitzenden Blätter sind ringsum gezähnt und wechselständig angeordnet. Sie sind auf der Oberseite auf den Nerven und auf der Unterseite oft lückig behaart. Die Pflanze hat eine sehr ausgedehnte Blütezeit. Die kurz gestielten Blütenköpfchen stehen zu mehreren in unregelmäßigen Rispen zusammen. Ihnen fehlen zungenförmige Randblüten. Das Greiskraut gehört zur Familie der Köpfchen- oder Körbchenblütler (Asteraceae).

Wuchshöhe: 10-40 cm
Blütengröße: Köpfchen 4-5 mm im Durchmesser, etwa 10 mm lang
Blattform: buchtig gelappt bis fiederspaltig

KURZCHECK

J	F	M	A	M	J	J	A	S	O	N	D

Vorkommen: Die Pflanze ist ein häufiges Ackerkraut und bis in 2200 m Höhe anzutreffen. Sie ist über ganz Europa verbreitet.

Wissenswertes: Das Greiskraut ist ein typischer Kulturbegleiter. Sein Auftreten weist meist auf reichliche Nährstoffe im Boden hin, vor allem auf Stickstoff. Dass es so häufig ist, liegt zum einen an der ausgedehnten Blütezeit und zum anderen daran, dass die Samen Flughaare tragen, mit deren Hilfe diese weit verfrachtet werden. Fruchtende Köpfchen erinnern an das Haar von Greisen, und darauf bezieht sich der Name der Pflanze.

Kohl-Kratzdistel
Cirsium oleraceum

gelb

KURZCHECK

Wuchshöhe: 50-150 cm
Blütengröße: Köpfchen
2,5-4 cm im Durchmesser
Blattform: eiförmig bis elliptisch und ungeteilt

Heilpflanze

J	F	M	A	M	J	J	A	S	O	N	D

Merkmale: Die Kohl-Kratzdistel bildet einen walzenförmigen Wurzelstock aus. Der gefurchte, leicht behaarte Stängel ist nur im oberen Bereich verzweigt. Die grünen, kahlen oder nur verstreut behaarten Laubblätter fühlen sich weich an. Die Dornen an den Blatträndern sind ebenfalls weich. Die Blütenköpfchen stehen aufrecht zu mehreren gehäuft an den Enden des Stängels und der Seitenäste und sind von bleich gelb-grünen Hochblättern umgeben. Die Einzelblüten sind weißlich-gelb. Die Kratzdisteln gehören zur Familie der Köpfchen- oder Körbchenblütler (Asteraceae).

Vorkommen: Die Kohl-Kratzdistel ist ein charakteristischer Bewohner feuchter Wiesen. Sie kommt aber auch in Auenwäldern und in Staudenfluren an Bachrändern und Quellen vor. Meist tritt sie truppweise auf, oft auch herdenweise. Ihr Verbreitungsgebiet erstreckt sich über Mitteleuropa, Mittelasien und Sibirien. Vertikal liegt die Grenze bei 2000 m.

Wissenswertes: Aus der Sicht des Landwirts ist die Kohl-Kratzdistel ein lästiges »Unkraut«, da sie wertvolleren Futterpflanzen Konkurrenz macht.

Huflattich

Tussilago farfara

Merkmale: Den Huflattich kann man leicht erkennen. Zum einen fällt die Pflanze durch ihren frühen Blühtermin auf: Bereits im März findet man erste blühende Exemplare. Allerdings ragen nur die Blüten tragenden Stängel mit den kleinen Schuppenblättern aus dem Boden. Erst nach der Blüte wachsen die Blätter heran, die etwa an die Form eines

Wuchshöhe: zur Blütezeit nur 10-15 cm hoch
Blütengröße: Köpfchen 15-35 mm im Durchmesser
Blattform: herzförmig

Heilpflanze

KURZCHECK

| J | F | M | A | M | J | J | A | S | O | N | D |

Pferdehufes erinnern (Name!). Waren die Stängel zur Blütezeit nur 10-15 cm hoch, so wachsen sie mit der Samenreife auf etwa die doppelte Höhe aus. Familie: Köpfchen- oder Körbchenblütler (Asteraceae).

Vorkommen: Der Huflattich kommt an Wegen, in Kiesgruben, an Wiesenrändern, an Äckern und auf Erdanrissen vor. Höhen bis 2300 m werden besiedelt. Die Pflanze ist heute in der gemäßigten Zone weltweit verbreitet.

Wissenswertes: Das Wachstum der Blütenstängel nach der Bestäubung der Blüten hat einen biologischen Sinn: Die Samen besitzen nämlich Flughaare und werden vom Wind verbreitet. Und ein größerer Abstand vom Boden bedeutet eine erhöhte Wahrscheinlichkeit, dass die Samen sehr weit fliegen.

Gemeiner Löwenzahn
Taraxacum officinale

Wuchshöhe: 10-50 cm
Blütengröße: Köpfchen
25-50 mm im Durchmesser
Blattform: meist stark gelappt
und gezähnt

Heilpflanze

KURZCHECK

| J | F | M | A | M | J | J | A | S | O | N | D |

Merkmale: Typisch für den ausdauernden Löwenzahn ist die Blattrosette mit den gelappten und gezähnten Blättern. Über die Rosette erheben sich an bleichen, hohlen, weißen Milchsaft enthaltenden Stängeln die gelben Blütenköpfchen. Sie enthalten nur Zungenblüten. Die Pflanze besitzt eine bis 2 m lange Pfahlwurzel und ist wohl zusammen mit dem Gänseblümchen (*Bellis perennis*, siehe S. 41) der bekannteste Vertreter der Familie der Köpfchen- oder Körbchenblütler (Asteraceae) in der mitteleuropäischen Flora.

Vorkommen: Der Löwenzahn bestimmt den typischen Frühlingsaspekt der Fettwiesen. Daneben kommt er auf Unkrautfluren, an Wegrändern und auf anderen Ruderalflächen vor. Bei etwa 2500 m liegt die vertikale Verbreitungsgrenze. Die Pflanze ist heute weltweit vertreten.

Wissenswertes: An den Samen sitzen Flughaare mit einer Krone, die wie ein Gleitschirm wirkt. Deshalb kann der Wind die Samen leicht sehr weit verfrachten, und deshalb überrascht es nicht, dass der Löwenzahn so häufig ist.

Wiesen-Bocksbart
Tragopogon pratensis

Merkmale: Die großen, goldgelben Blütenköpfe des Bockbarts fallen sofort auf und enthalten nur zwittrige Zungenblüten. Die ganzrandigen Blätter sind unauffällig linealisch. Sie sind wechselständig angeordnet. Die Pflanze wird in die Familie der Köpfchen- oder Körbchenblütler (Asteraceae) eingeordnet.

Vorkommen: Der Wiesen-Bocksbart braucht tiefgründigen Lehm- oder Tonboden. Er kommt auf Fettwiesen und in Halbtrockenrasen vor. Ebene Lagen bis Höhen um 1700 m werden besiedelt. Die Art ist über fast ganz Europa verbreitet.

Wissenswertes: Die Blütenköpfe des Bocksbarts sind nur in der ersten Tageshälfte geöffnet; gegen Mittag schließen sie sich bereits wieder. Daran sollte man denken, wenn man nach der Pflanze sucht. Denn die Stängel übersieht man im hohen Pflanzenbestand einer Wiese leicht. Der Name »Bocksbart« bezieht sich übrigens auf den geschlossenen Fruchtstand der Pflanze, der dem Bart eines Ziegenbocks ähnlich sieht. Die Früchte tragen eine Haarkrone, mit deren Hilfe sie vom Wind weit verfrachtet werden.

KURZCHECK

Wuchshöhe: 30-70 cm
Blütengröße: Köpfchen bis 80 mm im Durchmesser
Blattform: linealisch, zugespitzt, den Stängel umfassend

| J | F | M | A | M | J | J | A | S | O | N | D |

Wald-Habichtskraut
Hieracium sylvaticum

Wuchshöhe: 30-60 cm
Blütengröße: Köpfchen
22-35 mm im Durchmesser
Blattform: Grundblätter länglich-eiförmig

J	F	M	A	M	J	J	A	S	O	N	D

Merkmale: Die mehrjährigen Ha-
bichtskräuter bilden eine sehr artenreiche Gattung (in Mitteleuropa über
300 Arten!), und die einzelnen Arten
sind oft nur schwer voneinander zu
unterscheiden. Sie gehören allesamt
zur Familie der Köpfchen- oder Körbchenblütler (Asteraceae). Beim Wald-
Habichtskraut sind die Grundblätter
länglich-eiförmig, am Rand gezähnt
und mehr oder weniger lang gestielt. Die gelben Blütenköpfchen stehen zu
4 bis 15 in lockeren Rispen am Ende des aufrechten Stängels.

Vorkommen: Man findet die Pflanze in Laub-, Misch- und Nadelwäldern,
an Waldrändern und in Gebüschen, aber auch auf Matten bis in 2100 m
Höhe. Die Verbreitung erstreckt sich über weite Teile Europas.

Wissenswertes: Der Name »Habichts-«kraut bezieht sich vermutlich auf die
Enden der Zungenblüten, die den Flügelspitzen eines Habichts ähneln. Eine
weitere Erklärung des Namens mag sein, dass die Pflanzen auf hohen Felsen
wachsen, die nur für Habichte erreichbar sind. Und einer Sage nach sollen
Habichte mit dem Milchsaft der Pflanzen ihre Augen schärfen.

Hohler Lerchensporn
Corydalis cava

Merkmale: Der Hohle Lerchensporn wird in die Familie der Erdrauchgewächse (Fumariaceae) eingeordnet. Die Blätter werden von einer endständigen Blütentraube überragt, in der 10 bis 20 gespornte Einzelblüten vereinigt sein können. Die Farbe der Blüten kann von rötlich über lila bis weiß variieren. Die Pflanze fängt bereits im März an zu blühen.

KURZCHECK

Wuchshöhe: etwa 25 cm
Blütengröße: 18–30 mm im Durchmesser
Blattform: doppelt 3-zählig

Heilpflanze

J	F	M	A	M	J	J	A	S	O	N	D

Vorkommen: Der Hohle Lerchensporn ist eine Mullbodenpflanze und zeigt nährstoffreichen Lehmboden an. Man findet ihn meist in größeren Beständen in lichten Laubwäldern (vor allem in Buchenwäldern) mit einer gut ausgebildeten Krautschicht. Die Art ist über weite Teile Europas verbreitet.

Wissenswertes: Einige der verschiedenen Lerchensporn-Arten, die in Mitteleuropa vorkommen, zählen zu den Frühblühern. Die zum Aufbau der Blätter und Blüten notwendigen Substanzen bezieht der Hohle Lerchensporn aus der überwinternden, im Alter hohlen Knolle (daher der in Deutschland übliche Name und der präzisere in der Schweiz verwendete Name »Hohlknolliger Lerchensporn«!).

Gewöhnlicher Erdrauch
Fumaria officinalis

Wuchshöhe: 10-30 cm
Blütengröße: 7-9 mm lang
Blattform: doppelt gefiedert

Heilpflanze

KURZCHECK

| J | F | M | A | M | J | J | A | S | O | N | D |

Merkmale: Der Gemeine Erdrauch ist eine einjährige Pflanze. Seine Kennzeichen sind der verzweigte Stängel, die gestielten, doppelt gefiederten Blätter und die dunkelroten Blüten, die zu mehreren in Trauben zusammengefasst an den Enden der Stängel stehen. Die Pflanze ist sehr formenreich, und außerdem gibt es in Mitteleuropa noch 4 teilweise recht ähnliche Arten, die ebenfalls an den Standorten vorkommen können, wo der Gemeine Erdrauch zu finden ist. Familie: Erdrauchgewächse (Fumariaceae).

Vorkommen: Die Pflanze kommt bis in Höhen um 900 m ziemlich häufig in offenen Unkrautfluren vor, etwa auf Äckern und in Weinbergen. Sie ist über fast ganz Europa verbreitet.

Wissenswertes: Der Erdrauch ist eine seit der Antike bekannte Heilpflanze, die verschiedene Bitterstoffe und Alkaloide enthält, vor allem das nach ihr benannte Fumarin. Die ganze Pflanze wird gesammelt, getrocknet und als Tee zubereitet. Hautkrankheiten und Verdauungsstörungen können damit behandelt werden.

Frühlings-Platterbse
Lathyrus vernus

Merkmale: Die mehrjährige Früh-lings-Platterbse hat unpaarig gefie-derte Blätter. Sie setzen sich aus 4 bis 6 Blättchen zusammen; die Endfieder ist nur als kurze Spitze vor-handen. Die Pflanze ist schon zeitig im Frühling blühend anzutreffen; sie ist ein Frühblüher. Die Blüten sind anfangs purpurn, dann blau und zuletzt grünlich gefärbt. 3 bis 8 von ihnen sind jeweils in lockeren Trauben zusammengefasst. Die Pflanze gehört zur Familie der Schmetterlingsblütengewächse (Fabaceae).

Wuchshöhe: 20-40 cm
Blütengröße: 13-20 mm lang
Blattform: unpaarig gefiedert

KURZCHECK

| J | F | M | A | M | J | J | A | S | O | N | D |

Vorkommen: Man findet diese Platterbse in krautreichen Buchen- und Nadelmischwäldern auf frischen, nährstoffreichen Ton- und Lehmböden von der Ebene bis in Gebirgslagen. Sie ist über fast ganz Europa verbreitet.

Wissenswertes: Die unterschiedliche Färbung der Blüten wird dadurch her-vorgerufen, dass bestimmte Blütenfarbstoffe in Abhängigkeit von den Bedin-gungen in den Zellen (Säuregrad) ihre Farbe ändern. Dasselbe Phänomen fin-det man beim Natternkopf (*Echium vulgare*, siehe S. 136) und beim Echten Lungenkraut (*Pulmonaria officinalis*, siehe S. 152).

Wiesen-Schaumkraut
Cardamine pratensis

Wuchshöhe: 15–50 cm
Blütengröße: Kronblätter
5–10 mm lang, Blüte
15–18 mm im Durchmesser
Blattform: gefiedert

Heilpflanze

KURZCHECK

J	F	M	A	M	J	J	A	S	O	N	D

Merkmale: Die häufige Pflanze hat rosettenartig angeordnete, rundlich-eiförmig gefiederte Grundblätter und linealisch gefiederte Stängelblätter. Die zartrosa, hellviolett oder weiß gefärbten Blüten stehen in Trauben zusammen. Je 4 Kelch- und Kronblätter stehen über Kreuz. Die Pflanze gehört zur Familie der Kreuzblütlergewächse (Brassicaceae = Cruciferae).

Vorkommen: Die Blüten des Wiesen-Schaumkrautes prägen den Frühjahrsaspekt von fetten Weiden und moorigen Wiesen. Darüber hinaus kommt die Pflanze in feuchten Laubwäldern und in Auenwäldern vor. Sie ist von der Ebene bis in Höhen um 1700 m anzutreffen. Ihre Verbreitung erstreckt sich fast über die ganze Nordhalbkugel, hat aber einen Schwerpunkt im mittleren und nördlichen Eurasien.

Wissenswertes: Der Name »Schaum-«kraut bezieht sich darauf, dass man an der Pflanze oft den sogenannten Kuckucksspeichel findet. Dabei handelt es sich um die Schaumnester der Larven der Wiesenschaumzikade *(Philaenus spumarius)*.

Gefleckte Taubnessel
Lamium maculatum

Merkmale: Typisch für die bis 80 cm hohe, ausdauernde Pflanze sind der 4-kantige Stängel und die kreuzgegenständig angeordneten Blätter. Die Blätter erinnern in ihrer Form und der deutlich hervortretenden Aderung an die von Brennnesseln (*Urtica*-Arten), haben aber keine Brennhaare, und daher trägt die Pflanze eben den Namen »Taub-«

Wuchshöhe: 20–80 cm
Blütengröße: 20–30 mm lang
Blattform: herzförmig, Rand gesägt

KURZCHECK

| J | F | M | A | M | J | J | A | S | O | N | D |

nessel. Die Gefleckte Taubnessel hat purpurne Blüten mit einer dunkel gefleckten Unterlippe. Nah verwandt ist die gelb blühende Goldnessel (*Galeobdolon luteum*, siehe S. 67). Familie: Lippenblütler (Lamiaceae oder Labiatae).
Vorkommen: Die Gefleckte Taubnessel kann man in Wäldern, an Waldrändern und an Bachufern in Mittel- und Südeuropa antreffen, in den Bergen bis in 2000 m Höhe.
Wissenswertes: Taubnesseln wirken eher unscheinbar, auch wenn ihre Blüten interessant gebaut sind: Ein glockenförmiger, 5-zähliger Kelch umschließt die zweiseitig-symmetrische Blumenkrone. Man kann eine Oberlippe und eine Unterlippe unterscheiden. Hier lohnt sich ein Blick mit der Lupe!

Rote Taubnessel
Lamium rubrum

KURZCHECK

Wuchshöhe: 10-30 cm
Blütengröße: 10-18 mm lang
Blattform: herzförmig

J	F	M	A	M	J	J	A	S	O	N	D

Merkmale: Die Rote Taubnessel ist eine einjährige Pflanze. Die Oberlippe der Blumenkrone ist deutlich helmförmig ausgebildet. Die Unterlippe zeigt einen großen, 2-lappigen Mittelzipfel und 2 kleine Nebenzipfel. Der Kelch ist 5-zähnig. Die roten Blüten stehen in den Achseln der Blätter und am Sprossende gehäuft. Die Taubnesseln gehören zur Familie der Lippenblütler (Lamiaceae oder Labiatae).

Vorkommen: Die Rote Taubnessel ist weit verbreitet. Sie wächst meist herdenweise auf Äckern, an Wegrändern, an Zäunen, in Hecken und auf Brachland. Ihre Verbreitungsgrenze liegt im Gebirge in etwa 1800 m Höhe.

Wissenswertes: Da die Art überwiegend auf Äckern wächst, trägt sie in der Schweiz den Namen »Acker-Taubnessel«. Auf ähnlichen Standorten wie die Rote Taubnessel wächst auch die Weiße Taubnessel (*Lamium album*, siehe S. 26). Die Samen der Roten Taubnessel tragen Anhänge, die Ameisen gerne fressen. Die Ameisen schleppen die Samen auch in ihre Baue – und das führt dazu, dass die Pflanze meist herdenweise auftritt.

Feld-Thymian
Thymus serpyllum

Merkmale: Der formenreiche Feld-
Thymian ist ein niederliegender,
kriechender Halbstrauch, d. h. seine
Stängel verholzen am Grund. Die
Wurzeln können bis 1 m in den Bo-
den hinabreichen. Die lila Blüten ste-
hen in den Blattachseln und an den
Enden der Stängel kopfig gehäuft.
Neben Zwitterblüten gibt es auch
rein weibliche Blüten, und es gibt
auch rein weibliche Pflanzen. Die Art gehört zur Familie der Lippenblütler
(Lamiaceae oder Labiatae).

Vorkommen: Der Feld-Tymian ist in Sandrasen, auf Steppenheiden und in
lichten Wäldern anzutreffen, aber auch an Wegrändern, auf Böschungen und
in Kiesgruben. In den Bergen trifft man ihn bis in 2500 m Höhe an. Seine
Verbreitung erstreckt sich über weite Teile Europas.

Wissenswertes: Die Pflanze verströmt den typischen Thymiangeruch. Bei
dem gebräuchlichen, den Appetit anregenden Küchengewürz handelt es sich
allerdings um den Garten-Thymian *(Thymus vulgaris)*, der im Mittelmeergebiet beheimatet ist. Diese Art wird auch bei uns angepflanzt.

Wuchshöhe: bis 30 cm
Blütengröße: 6-7 mm lang
Blattform: ganzrandig,
ungestielt

KURZCHECK

J	F	M	A	M	J	J	A	S	O	N	D

Beinwell
Symphytum officinale

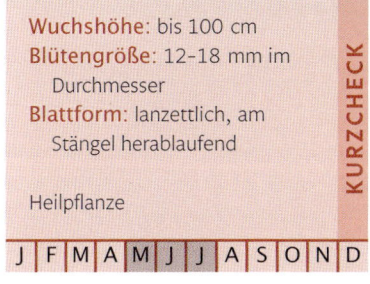

Wuchshöhe: bis 100 cm
Blütengröße: 12–18 mm im
Durchmesser
Blattform: lanzettlich, am
Stängel herablaufend

Heilpflanze

KURZCHECK

| J | F | M | A | M | J | J | A | S | O | N | D |

Merkmale: Der Beinwell ist eine stattliche Staude aus der Familie der Raublattgewächse (Boraginaceae). Er hat eine etwa 30 cm lange und 2 cm dicke Pfahlwurzel, die die Pflanze im Boden verankert. Aus einem Büschel grundständiger Blätter erheben sich ein oder mehrere aufrechte Stängel. Die fleischigen und innen hohlen Stängel und die Blätter sind dicht mit meist abwärts gerichteten Borsten besetzt (Name der Pflanzenfamilie!). Die Blüten hängen zu Doppelwickeln gehäuft am Ende kurzer Seitentriebe, die aus den Blattachseln entspringen. Die Farbe der Blüten ist variabel: Es gibt rosa- und dunkelpurpurfarbene Exemplare, aber auch weiße und violette.

Vorkommen: Man trifft die Feuchtigkeit liebende Pflanze überall auf Nasswiesen, an Gräben und an Bachufern von der Ebene bis in Lagen um 1000 m an. Die Art ist eurasisch verbreitet.

Wissenswertes: In der Schweiz wird für die Art der Name »Echte Wallwurz« benutzt. Die unterirdischen Teile wurden früher für ein Heilmittel bei Knochenbrüchen gehalten (Name!).

Drüsiges Springkraut
Impatiens glandulifera

Merkmale: Die kräftige Pflanze kann stattliche 3 m Höhe erreichen und ist einjährig. Die Blätter sind gegenständig oder in Wirteln zu 3 am Stängel angeordnet. Die hängenden Blüten stehen zu 2 bis 14 in lang gestielten Trauben zusammengefasst. Die saftigen, schotenähnlichen Fruchtkapseln stehen unter hohem inneren Druck. Bei Berührung reißen die 5 Klappen der Kapsel explosionsartig auf (Name!); dabei werden die Samen weit fortgeschleudert. Das Springkraut gehört zur Familie der Balsaminengewächse (Balsaminaceae).

Vorkommen: Überwiegend trifft man die Pflanze entlang von Bächen und Flüssen und in Auenwäldern an, aber auch an Bahndämmen. Ihre Verbreitung ist – noch – lückenhaft.

Wissenswertes: Das Drüsige Springkraut stammt aus dem Himalaja und wurde als Gartenpflanze bei uns eingeführt, ist aber verwildert und kann seit dem Zweiten Weltkrieg als in Mitteleuropa eingebürgert gelten (Neophyt). Die Pflanze tritt meist in größeren Beständen auf und ist sehr wüchsig.

KURZCHECK

Wuchshöhe: 50–300 cm
Blütengröße: 25–40 mm im Durchmesser
Blattform: lanzettlich bis elliptisch, Rand gezähnt

J F M A M J J A S O N D

Herbstzeitlose
Colchicum autumnale

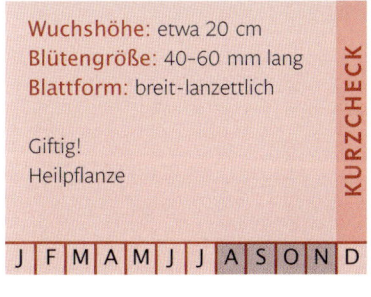

Wuchshöhe: etwa 20 cm
Blütengröße: 40-60 mm lang
Blattform: breit-lanzettlich

Giftig!
Heilpflanze

KURZCHECK

J F M A M J J A S O N D

Merkmale: Bildhaft beschrieben, sieht diese Pflanze wie ein im Spätsommer und Herbst rosa bis blassviolett blühender Krokus aus. Zur Blütezeit sucht man vergeblich nach den meist 3 glänzend-grünen, 15-20 cm langen Blättern. Diese erscheinen erst im kommenden Frühjahr, und in deren Mitte sitzt dann die große Fruchtkapsel. Die Herbstzeitlose gehört zur Familie der Liliengewächse (Liliaceae).

Vorkommen: Die Herbstzeitlose kommt auf feuchten Wiesen bis in 2000 m Höhe vor. Sie hat ihren Verbreitungsschwerpunkt in Mitteleuropa.

Wissenswertes: Die Pflanze ist perfekt an den Mährhythmus der Fettwiesen angepasst: Nach dem letzten Schnitt blüht sie, und vor dem ersten Schnitt bildet sie die Früchte aus. Man kann auch sagen, die Pflanze ist ein lästiges Wiesen-Unkraut, das kaum auszurotten ist. Im Übrigen bleibt das Gift (das Alkaloid Colchicin) nach dem Trocknen erhalten, und Rinder, Schafe und Ziegen fressen die Blätter auch im Heu nicht. Geschieht das doch, erleiden die Tiere schwere Vergiftungen und sogar den Tod.

Acker-Winde
Convolvulus arvensis

Merkmale: Typisch für diese ausdauernde Pflanze sind die niederliegenden oder windenden Stängel, die spieß- oder pfeilförmigen Blätter und die großen, tütenförmigen Blüten. Die Blumenkrone ist rosa oder weiß und außen rötlich gestreift. Eine ähnliche, nah verwandte Art ist die Gemeine Zaunwinde (*Calystegia sepium*, siehe S. 46), die aber größere und rein weiße Tütenblüten hat. Beide Pflanzen gehören zur Familie der Windengewächse (Convolvulaceae).

KURZCHECK

Wuchshöhe: 20–80 cm
Blütengröße: 10–25 mm im Durchmesser
Blattform: spieß- oder pfeilförmig

| J | F | M | A | M | J | J | A | S | O | N | D |

Vorkommen: Die Acker-Winde ist – wie ihr Name schon nahelegt – an Wegrändern zu finden, aber auch auf Äckern, in Weinbergen und auf Brachland. Typisch sind trockene Standorte. Die Pflanze ist in ganz Mitteleuropa anzutreffen, in den Bergen bis in 1200 m Höhe.

Wissenswertes: Winden können am Boden entlang kriechende Stängel ausbilden, sich aber auch an anderen Pflanzen – oder an Zäunen, Pfählen o. Ä. – spiralig emporwinden, um sich so mehr Licht zu verschaffen. Die Blüten sind nur einen Tag lang geöffnet. Ist es kühl, bleiben sie geschlossen.

Klatsch-Mohn
Papaver rhoeas

Merkmale: Mit seinen großen, scharlachroten Blüten ist der Klatsch-Mohn eine sehr auffällige Pflanze. Der Stängel und die Blätter sind anliegend oder abstehend borstig behaart. Das wichtigste Merkmal, das auch zur Bestimmung der verschiedenen Mohn-Arten herangezogen wird, ist die Samenkapsel. Sie ist bereits in der Blüte erkennbar, wächst aber erst nach der Bestäubung der Blüte zur vollen Größe und typischen Gestalt heran. Sie ist innen durch senkrechte Scheidewände in mehrere Kammern geteilt. Familie: Mohngewächse (Papaveraceae).

Vorkommen: Ursprünglich von seiner Verbreitung her auf den eurasischen Raum beschränkt, wurde der Klatsch-Mohn überallhin verschleppt. Ödlandflächen und Schuttplätze, Wegränder und Bahndämme sind Stellen, wo die Pflanze gut gedeiht. Sie ist heute fast weltweit verbreitet.

Wissenswertes: Die trockene Mohnkapsel wirkt wie eine Streubüchse, und der Wind kann die winzigen Samen gut verfrachten. Früher gab es den Klatsch-Mohn deshalb sehr häufig.

Ruprechtskraut, Stinkender Storchschnabel
Geranium robertianum

Merkmale: Die Stängel des Rup-
rechtskrauts sind meist rötlich gefärbt und drüsig behaart. Die Blätter
setzen sich aus 3 bis 5 gestielten,
fiederspaltigen Blättchen zusammen.
Die rosa Blüten haben rotbraune
Staubbeutel. Die Art gehört zur Familie der Storchschnabelgewächse
(Geraniaceae).

Vorkommen: Man findet das Rup-
rechtskraut vor allem an beschatteten Stellen von Mauern und Felsen, außerdem in krautreichen Wäldern. Die Art ist über ganz Mitteleuropa verbreitet
und in den Bergen bis in 1700 m Höhe anzutreffen.

Wissenswertes: Der Name »Storchschnabel« erklärt sich daraus, dass
Fruchtknoten und Griffel nach der Blüte weiter wachsen und sich ein Gebilde
von der Form eines Vogelschnabels ergibt. Der reife »Schnabel« reißt bei trockenem Wetter entlang der Mittelsäule von unten nach oben auf, und die
Samen werden weit fortgeschleudert. Beim »Stinkenden« Storchschnabel
nimmt man einen unangenehmen bis widerlichen Geruch wahr, wenn man
Blätter und Stängel der Pflanze zerreibt.

KURZCHECK

Wuchshöhe: 15–45 cm
Blütengröße: Kronblätter
9–12 mm lang, Blüten
14–18 mm im Durchmesser
Blattform: fiederspaltig

Heilpflanze

J	F	M	A	M	J	J	A	S	O	N	D

Wilde Malve
Malva sylvestris

Wuchshöhe: 20-120 cm
Blütengröße: 20-50 mm im
Durchmesser
Blattform: gelappt

Heilpflanze

KURZCHECK

| J | F | M | A | M | J | J | A | S | O | N | D |

Merkmale: Die einjährige Wilde Malve hat niederliegende oder bogig aufsteigende, dicht behaarte Stängel. Die wechselständigen Blätter sind nur schwach gelappt. Die Blüten stehen zu 2 bis 6 in einem lockeren Blütenstand. Die 5 rosa-violetten Blütenblätter sind dunkel gestreift. Sie sind 3- bis 4-mal so lang wie der Kelch. Die zahlreichen Staubblätter sind miteinander verwachsen. Meist 3 Außenkelchblätter sind mit den 5 Kelchblättern verwachsen. Familie: Malvengewächse (Malvaceae).

Vorkommen: Die Pflanze braucht zum Wachsen lockeren und nährstoffreichen Boden. Sie wächst an Mauern, an Wegrändern und auf Brachflächen und tritt bis in etwa 1800 m Höhe auf. Sie ist fast weltweit verbreitet, braucht aber eine gewisse Wärme.

Wissenswertes: Die Wilde Malve enthält reichlich Schleimstoffe, ätherisches Öl und Gerbstoffe. Damit sind Husten und Halsentzündungen zu lindern. Malventee ist ein bekanntes Hausmittel. Die Malve zählt zu den ältesten vom Menschen genutzten Pflanzen überhaupt.

111

Bach-Nelkenwurz
Geum rivale

Merkmale: Die Pflanze hat lang gestielte Grundblätter mit einer sehr großen Endfieder. An den Enden der aufrechten Stängel stehen jeweils mehrere nickende Blüten in einem lockeren Blütenstand zusammengefasst; oft stehen die Blüten aber auch einzeln. Mit ihren meist 5 braun-roten Kelchblättern und den ebenfalls meist 5 rötlichen, innen gelben Kronblättern sind die Blüten nicht zu verwechseln. Nach der Blüte verlängern sich die Griffel, und es bildet sich der typische Fruchtstand aus. Familie: Rosengewächse (Rosaceae).

Vorkommen: Der Bach-Nelkenwurz wächst auf nährstoffreichen, feuchten Böden und dementsprechend auf feuchten bis nassen Wiesen, in Gräben und an Bachrändern sowie in Auen- und Bruchwäldern. Meist tritt er in größeren Beständen auf. Er ist von der Ebene bis in rund 2000 m Höhe anzutreffen.

Wissenswertes: Der Wurzelstock der Pflanze duftet nach Nelkenöl (Name!). Früher hat man diesen Teil der Pflanze – an der Luft getrocknet – gegen Bronchial- und Darmkatarrh eingesetzt.

KURZCHECK

Wuchshöhe: 20-60 cm
Blütengröße: 8-15 mm im Durchmesser
Blattform: unterbrochen gefiedert

Heilpflanze

| J | F | M | A | M | J | J | A | S | O | N | D |

Gewöhnliche Karthäuser-Nelke
Dianthus carthusianorum

KURZCHECK

Wuchshöhe: 10-40 cm
Blütengröße: Durchmesser
  20-25 mm
Blattform: schmal, grasartig

Geschützt

J	F	M	A	M	J	J	A	S	O	N	D

Merkmale: Die Nelke besitzt einen kräftigen, überdauernden Wurzelstock. Ein kurzer oberirdischer Stamm verzweigt sich in zahlreiche Stängel, die durch Knoten gegliedert sind. An den Stängelknoten sitzen jeweils 2 Blätter, die am Grund miteinander zu einer Röhre verwachsen sind. Zwischen den blütentragenden längeren Trieben stehen zahlreiche kürzere, die erst im kommenden Jahr zur vollen Höhe heranwachsen und dann ihrerseits Blüten tragen. Die rosa bis purpurroten Blüten stehen zu 4 bis 10 gehäuft. Familie: Nelkengewächse (Caryophyllaceae).

Vorkommen: Die Karthäuser-Nelke wächst auf trockenen, sonnigen Hängen, in Heiden, an Böschungen und an ähnlichen Stellen auf kalkreichem Boden. Sie kommt von ebenen Lagen bis in Höhen um 1000 m vor. Der Schwerpunkt ihrer Verbreitung liegt in Mitteleuropa.

Wissenswertes: Die formenreiche Karthäuser-Nelke gehört noch zu den häufigeren der in Mitteleuropa wild wachsenden Nelken-Arten. Andere Arten sind selten geworden oder bereits verschwunden.

113

Rote Lichtnelke
Silene dioica, Melandrium rubrum

Merkmale: Die ausdauernde Pflanze hat einen aufrechten, drüsig behaarten, im oberen Bereich oft verzweigten Stängel. Die Blätter sind daran gegenständig angeordnet. In blühendem Zustand ist die Pflanze besonders gut zu erkennen: Die roten Blüten mit dem leicht bauchigen Kelch stehen zu Trugdolden vereinigt an den Enden der Stängel. Die Pflanze gehört zur Familie der Nelkengewächse (Caryophyllaceae).

KURZCHECK

Wuchshöhe: bis 100 cm
Blütengröße: 18-25 mm im Durchmesser
Blattform: eiförmig, sitzend

J	F	M	A	M	J	J	A	S	O	N	D

Vorkommen: Die Rote Lichtnelke trifft man regelmäßig auf feuchten, nährstoffreichen Böden an. Sie kommt in feuchten Wiesen, in lichten Wäldern und auf Kahlschlägen vor, die von der Ebene bis ins Hochgebirge hinauf liegen können. Die Art ist in fast ganz Europa zu finden.

Wissenswertes: In der Schweiz ist die Pflanze unter dem Namen »Rote Waldnelke« bekannt. Die Blüten der Lichtnelke sind am Tag geöffnet. Die Krönblätter stehen flach ausgebreitet, und der Nektar liegt tief verborgen in einer engen Röhre. Deshalb können sie nur von Insekten mit langem Rüssel bestäubt werden, vor allem von verschiedenen Tagfaltern.

Kuckucks-Lichtnelke
Lychnis flos-cuculi

Wuchshöhe: 30–60 cm, manchmal bis 90 cm
Blütengröße: Durchmesser 30–40 mm
Blattform: spatelig und schmal-lanzettlich

KURZCHECK

J	F	M	A	M	J	J	A	S	O	N	D

Merkmale: Die 4–10 cm langen Grundblätter der ausdauernden Kuckucks-Lichtnelke sind gestielt und haben die Form eines schmalen Spatels. Der aufrechte Stängel ist verzweigt und trägt schmal-lanzettliche Blätter in gegenständiger Anordnung. Die rosaroten Blüten mit den tief zerschlitzten Blütenblättern sind unverkennbar. Die Pflanze gehört zur Familie der Nelkengewächse (Caryophyllaceae).

Vorkommen: Die Kuckucks-Lichtnelke wächst auf gut mit Wasser versorgten Böden: in Fett- und Sumpfwiesen sowie in feuchten Gebüschen. Sie kommt von der Ebene bis in 1400 m Höhe vor. Ihre Verbreitung erstreckt sich über die humiden Gebiete Europas und Asiens.

Wissenswertes: Die Namensgebung der Pflanze geht wohl darauf zurück, dass man an ihr oft den sogenannten Kuckucksspeichel findet. Es lohnt sich also, besonders an dieser Pflanze nach den Schaumnestern der Larven der Wiesenschaumzikade *(Philaenus spumarius)* zu suchen (siehe auch das Wiesen-Schaumkraut, *Cardamine pratensis,* S. 101).

Schmalblättriges Weidenröschen
Epilobium angustifolium

Merkmale: Weidenröschen zählen zur Familie der Nachtkerzengewächse (Onagraceae, Oenotheraceae). Das Schmalblättrige Weidenröschen ist eine stattliche Pflanze. Der Stängel ist mit 1-2,5 cm breiten und am Rand etwas eingerollten Blättern besetzt. Die purpurroten Blüten stehen in einer lockeren Traube zusammengefasst. Wenn sie bestäubt sind, reißen die schotenförmigen Fruchtkapseln auf und entlassen die Samen. Sie haben eine Haarkrone als Flugapparat und können deshalb vom Wind weit verfrachtet werden.

KURZCHECK

Wuchshöhe: etwa 100 cm
Blütengröße: 20-30 mm im Durchmesser
Blattform: lanzettlich

J F M A M J J A S O N D

Vorkommen: Das Schmalblättrige Weidenröschen ist eine typische Pflanze der Kahlschläge. Vielfach sind die offenen Flächen den Sommer über von den auffälligen Blüten durchgehend rot gefärbt. Die Art kommt von der Ebene bis in etwa 2400 m Höhe vor.

Wissenswertes: Den schweizerischen Namen »Wald-Weidenröschen« kann man sich leicht erklären. Aber welchen Hintergrund der österreichische Name »Unholdenkraut« hat, darüber mag jeder Pflanzenfreund selbst spekulieren.

Blut-Weiderich
Lythrum salicaria

Merkmale: Diese Pflanze aus der Familie der Blutweiderichgewächse (Lythraceae) hat einen dicken, verholzten Wurzelstock und einen aufrechten Stängel. Dessen unterer Teil ist von meist gegenständigen oder 3-quirligen, ungestielten Blättern besetzt. Der obere Teil des Stängels wird von der Blütenähre eingenommen. Die Blüten sind kräftig rot oder rötlich-lila gefärbt, bisweilen auch rosa oder weiß.

Vorkommen: Dem Blut-Weiderich begegnet man häufig in staudenreichen Nasswiesen, an Grabenrändern und in der Verlandungszone von Gewässern - also überall dort, wo der Boden genügend durchfeuchtet ist. Ebene Lagen werden ebenso besiedelt wie mittlere Gebirgslagen. Die Art ist über die gemäßigten Zonen Eurasiens und Nordamerikas verbreitet.

Wissenswertes: Die Pflanze enthält Stoffe, aufgrund deren sie früher als blutstillendes Mittel eingesetzt wurde (Name!). Die Samen sind mit schleimigen Haaren besetzt. Mit diesen Haaren bleiben sie am Schnabel, an den Füßen und am Gefieder von Vögeln haften und werden dann weit verschleppt.

Roter Fingerhut
Digitalis purpurea

Merkmale: Die Pflanze wird in die Familie der Rachenblütler (Scrophulariaceae) gestellt. Sie bildet im ersten Jahr eine Rosette aus filzig behaarten Blättern. Daraus erhebt sich im zweiten Jahr der hohe, beblätterte Blütenstängel. In den Blattachseln sitzen zahlreiche purpurrote, innen gefleckte und behaarte Blüten. Manchmal sind die Blüten auch rosa oder weiß.

Wegen deren Form hat die Pflanze ihren Namen »Fingerhut« erhalten.

Vorkommen: Der Rote Fingerhut wächst auf Kahlschlägen, auf Waldlichtungen und an anderen offenen Stellen im Wald, vor allem in Buchenwäldern. Mittelgebirgslagen werden bevorzugt. Die Art ist über das westliche Europa verbreitet.

Wissenswertes: Der Rote Fingerhut ist giftig! Die Blätter enthalten verschiedene Glykoside wie Digitalin, Digitoxin u. a. Diese Substanzen wirken auf das Herz, die Blutgefäße und das Nervensystem. Man kann sich also an den Blättern vergiften; die in ihnen enthaltenden Stoffe spielen aber auch eine segensreiche Rolle als Herz- und Kreislaufmittel.

Wald-Ziest
Stachys sylvatica

Wuchshöhe: 30-100 cm
Blütengröße: 13-18 mm lang
Blattform: breit herz-eiförmig, zugespitzt, am Rand gesägt

KURZCHECK

J F M A M J J A S O N D

Merkmale: Die gestielten, 4-9 cm langen und 2-6 cm breiten Blätter der ausdauernden Pflanze sehen denen von Brennnesseln (*Urtica*-Arten) ähnlich. Sie sind - wie die gesamte Pflanze - dicht abstehend behaart und kreuzgegenständig am aufrechten Stängel angeordnet. Die dunkelpurpurnen Blüten stehen zu 4 bis 10 in Scheinquirlen zusammen, die wiederum eine Scheinähre bilden. Der Ziest gehört zur Familie der Lippenblütler (Lamiaceae, Labiatae), und auffällig ist vor allem die lange Unterlippe.

Vorkommen: Der Wald-Ziest braucht feuchten und stickstoffreichen Lehmboden. Man findet ihn in und am Rand von feuchten Mischwäldern und Auenwäldern. Er ist über Europa verbreitet und tritt in den Bergen bis in rund 1700 m Höhe auf.

Wissenswertes: Beim Zerreiben der Pflanze wird man einen widerlichen Geruch wahrnehmen. Die Blüten werden von Bienen und von Schwebfliegen bestäubt. Nah verwandt ist übrigens der Echte Ziest *(Stachys officinalis)*, eine alte Heilpflanze, die noch in der Homöopathie Verwendung findet.

119

Geflecktes Knabenkraut
Dactylorhiza maculata

Merkmale: Das Gefleckte Knabenkraut gehört zur Familie der Knabenkrautgewächse (Orchidaceae). Es ist eine Staude mit einer zerteilten Wurzelknolle. Die weißlichen oder rosafarbenen Blüten sind zweiseitig-symmetrisch gebaut und in einer länglich-walzenförmigen Ähre zusammengefasst. Die Blütenhülle setzt sich aus 6 Blättern zusammen, die in

KURZCHECK

Wuchshöhe: 20-50 cm
Blütengröße: Blütenstand 5-20 cm lang
Blattform: breit-linealisch

Gefährdet
Geschützt

J	F	M	A	M	J	J	A	S	O	N	D

2 Kreisen angeordnet sind. Das mittlere Blatt des inneren Kreises ist die sogenannte Lippe. Sie hat die Funktion, Insekten zur Bestäubung anzulocken und ihnen einen Landeplatz zu bieten. Die schmalen Stängelblätter weisen – wie bei den meisten Einkeimblättrigen – eine parallele Nervatur auf.
Vorkommen: Die Orchidee wächst auf feuchten Wiesen, in Flachmooren und in lichten Wäldern bis in etwa 2000 m Höhe.
Wissenswertes: Insgesamt umfasst die Familie der Knabenkrautgewächse (Orchidaceae) etwa 15 000 Arten. In Mitteleuropa sind rund 60 Orchideen-Arten beheimatet, die unterschiedliche Lebensräume besiedeln. Ein besonderes orchideenreicher Lebensraum sind trockene Grasflächen.

Mücken-Händelwurz
Gymnadenia conopsea

Wuchshöhe: bis 100 cm
Blütengröße: Blütenstand
5-25 cm lang
Blattform: schmal, linealisch,
5-8 mm breit

Geschützt

KURZCHECK

| J | F | M | A | M | J | J | A | S | O | N | D |

Merkmale: Die Mücken-Händelwurz überdauert mit einer geteilten Knolle. Über die schmalen, recht langen Blätter erhebt sich der die dichte Blütenähre tragende Stängel. Die Blüten dieser Orchidee (Familie Knabenkrautgewächse, Orchidaceae) sind zartrosa bis hellrot gefärbt. Auffällig ist die 3-lappige Lippe. Der dünne, fadenförmige Sporn der Blüte ist länger als der Fruchtknoten. Er ist ein wichtiges Artmerkmal, denn bei der nah verwandten, sehr ähnlich aussehenden Wohlriechenden Händelwurz *(Gymnadenia odoratissima)* ist der Sporn kürzer als der Fruchtknoten.

Vorkommen: Die Mücken-Händelwurz kommt in Kalkmagerrasen, auf rasigen Böschungen und in Flach- und Quellmooren noch ziemlich häufig und gesellig vor, die Wohlriechende Händelwurz auf Moorwiesen und in Nadelwäldern. Beide Händelwurz-Arten sind sowohl in der Ebene zu finden als auch in Höhen bis 2400 m.

Wissenswertes: In Österreich wird die Art auch »Große Händelwurz«, »Friggagras« oder »Mücken-Nacktdrüse« genannt.

Gemeine Pestwurz
Petasites hybridus

Merkmale: Die mehrjährige Pestwurz trifft man schon im Vorfrühling blühend an. Die großen, rötlichen Blütenstände sind aus vielen einzelnen Blütenköpfchen zusammengesetzt. Die Art zählt zu den Köpfchen- oder Körbchenblütlern (Asteraceae). Nach der Blüte wird die ganze Pflanze auffälliger: Zum einen wächst der Blüten tragende Stängel deutlich in die Höhe, zum anderen erscheinen die gestielten Laubblätter, die bis 120 cm lang und 60 cm breit werden können.

Vorkommen: Die Gemeine Pestwurz findet man auf Nasswiesen, an Bach- und Flussufern. Sie kommt von der Ebene bis in 1500 m Höhe vor und ist über fast ganz Europa verbreitet.

Wissenswertes: Die Pestwurz ist zweihäusig. Es treten also männliche und weibliche Exemplare auf, die man an der unterschiedlichen Größe der Blütenköpfchen auseinanderhalten kann. Der Name der Pflanze bezieht sich darauf, dass die Menschen im Mittelalter glaubten, der – durch ätherischen Öle verursachte – starke, unangenehme Geruch könne die Pest austreiben.

KURZCHECK

Wuchshöhe: zur Blütezeit bis 30 cm, später bis 100 cm
Blütengröße: Köpfchen 4–12 mm im Durchmesser
Blattform: herzförmig

Heilpflanze

| J | F | M | A | M | J | J | A | S | O | N | D |

Großer Wiesenknopf
Sanguisorba officinalis

Wuchshöhe: 30–90 cm
Blütengröße: Kopf 10–30 mm lang und 10–15 mm breit
Blattform: unpaarig gefiedert

Heilpflanze

KURZCHECK

| J | F | M | A | M | J | J | A | S | O | N | D |

Merkmale: Der Große Wiesenknopf ist eine unverwechselbare Pflanze: Die Blütenköpfe sind dunkelrot gefärbt und fallen bald auf. Das Besondere am Bau der Blüten ist, dass sie keine Krone haben. Die dunkelrote Färbung rührt vielmehr von den entsprechend gefärbten Kelchblättern her. Die Stängel sind mit unpaarig gefiederten Blättern besetzt. Die 14 bis 30 Fiederblättchen wiederum werden 1,5–5 cm lang und sind am Rand gezähnt (etwa 12 Zähnchen). Familie: Rosengewächse (Rosaceae).

Vorkommen: Man findet den Großen Wiesenknopf auf feuchten Wiesen und in Flachmooren, an Wegrändern und an Gräben. Er braucht nährstoffreichen, leicht sauren Boden. Die Art ist über fast ganz Europa, Vorderasien und Nordamerika verbreitet und in den Bergen bis in rund 1200 m Höhe anzutreffen.

Wissenswertes: Als Heilpflanze setzt man den Wiesenknopf auch heute noch gegen Blutungen, Krampfadern und Durchfall ein. Junge Blätter und Triebe kann man Salaten oder Gemüse beimengen. Sie haben einen herben, aromatischen Geschmack.

rosa oder rot

Wasser-Knöterich
Polygonum amphibium

Merkmale: Der Wasser-Knöterich überwintert mit einem kriechenden Wurzelstock. Die typische Wasserform hat einen etwa 1 m langen Stängel, den Luftkanäle durchziehen. Die Pflanze hat Schwimmblätter von 5-15 cm Länge, die dunkelgrün gefärbt sind und sich ledrig anfühlen. Die rosa Blüten stehen in dichten Ähren zusammengefasst. Der Wasser-Knöterich gehört zur Familie der Knöterichgewächse (Polygonaceae).

KURZCHECK

Wuchshöhe: Schwimmblattpflanze
Blütengröße: Ähre ca. 30 mm lang
Blattform: elliptisch, lang gestielt

| J | F | M | A | M | J | J | A | S | O | N | D |

Vorkommen: Die Art ist über die gesamte nördliche gemäßigte Zone verbreitet. In Mitteleuropa ist sie überall häufig – sowohl in stehenden und langsam fließenden Gewässern mit schlammigem Grund als auch auf nassen Wiesen. Sie kommt von der Ebene bis in Lagen um 2000 m Höhe vor.

Wissenswertes: Die Pflanze tritt in 2 Formen auf. Gegenüber der typischen Wasserform hat die Landform kürzer gestielte, schmalere und weichhäutige Blätter. Meist geht die Pflanze in die Landform über, wenn das Gewässer austrocknet. In der Schweiz findet sozusagen ein Kompromissname Verwendung: »Sumpf-Knöterich«.

Schlangen-Knöterich
Polygonum bistorta

Wuchshöhe: 30-120 cm
Blütengröße: Einzelblüte
  4-5 mm, Ähre 20-70 mm lang
Blattform: eiförmig-länglich,
  zugespitzt

Heilpflanze

KURZCHECK

J	F	M	A	M	J	J	A	S	O	N	D

Merkmale: Die wesentlichen Merkmale des ausdauernden Schlangen-Knöterichs sind die bis 20 cm langen, eiförmig-länglichen, zugespitzten Blätter mit dem wellig-geflügelten Blattstiel und die walzliche Blütenähre mit den winzigen, dicht an dicht sitzenden hell- oder dunkelrosa gefärbten Einzelblüten. Die Wurzel ist verdickt und schlangenförmig gekrümmt (Name!). Die Pflanze gehört zur Familie der Knöterichgewächse (Polygonaceae).

Vorkommen: Auf Wiesen und Äckern begegnet man verschiedenen Knöterich-Arten. Der Schlangen-Knöterich kommt auf relativ feuchten Wiesen, in Auenwäldern und in Hochstaudenfluren bis in 1800 m Höhe vor. Meist wächst er in flächigen Beständen. Die Art ist über die gesamte Nordhalbkugel verbreitet.

Wissenswertes: Die Pflanze verdankt ihren Namen dem mehrfach gewundenen Wurzelstock. Als Heilpflanze ist sie heute kaum mehr in Gebrauch. Sie hat eine gewisse Bedeutung als Bienenweide und als Viehfutter.

125

Gewöhnliche Grasnelke
Armeria maritima

Merkmale: Die Grasnelke hat gras-
artige, einnervige Blätter (Name!).
Sie können unterschiedlich breit sein
(meist 1-2 mm), je nachdem, wo
man die Pflanze antrifft. Auffällig sind
die Blütenstände am Ende des unbe-
blätterten Stängels: Zahlreiche
5-zählige, rosa bis purpurn gefärbte
Blüten stehen in einem dichten Kopf
zusammen. Die Pflanze gehört zur
Familie der Grasnelkengewächse (Plumbaginaceae).

Wuchshöhe: bis 25 cm
Blütengröße: Kopf 15-30 mm
    breit
Blattform: schmal, grasartig

Geschützt

KURZCHECK

| J | F | M | A | M | J | J | A | S | O | N | D |

Vorkommen: Die formenreiche Art kommt auf unterschiedlichen Standorten vor. Sie braucht sandige, kiesig-steinige oder tonige Böden. Die an den
Küsten verbreitete Form gedeiht in Salzwiesen und erträgt sogar Salz. Eine
andere Form findet man auf mit Schwermetallen belasteten Böden. Und in
den Alpen kommt eine Form auf den Matten in 1400-2000 m Höhe vor. Die
Art ist über weite Teile Europas verbreitet.

Wissenswertes: Grasnelken werden auch in Gärten angepflanzt. Es sind
mehrere Zuchtformen der Gewöhnlichen Grasnelke in unterschiedlichen Farben, aber auch weitere Arten im Handel.

Wiesen-Klee
Trifolium pratense

Wuchshöhe: 10-40 cm
Blütengröße: Blütenstände
10-20 mm lang, Durch-
messer 20-35 mm
Blattform: dreizählig

Heilpflanze

KURZCHECK

J F M A M J J A S O N D

Merkmale: Beim Wiesen-Klee stehen viele rötliche Blüten am Ende
verzweigter Stängel in kugeligen bis
eiförmigen Köpfen vereinigt. Wegen
dieser Färbung wird er in der Schweiz
auch »Rot-Klee« genannt. Als Bestäuber der Kleeblüten beobachtet
man vor allem Hummeln. Typisch
sind die 3-zähligen Blätter. Die Art
ist in die Familie der Schmetterlingsblütengewächse (Fabaceae) einzuordnen.

Vorkommen: Der Wiesen-Klee kommt verbreitet auf Fettwiesen und auf
fetten Weiden vor, auch auf regelrechten Nasswiesen. Eine besondere Unterart findet man auf den Alpenweiden noch bis in 2200 m Höhe. Bisweilen
wird der Klee felderweise als Futterpflanze angebaut.

Wissenswertes: Die Pflanze kann mit Hilfe von Bakterien, die in den sogenannten Wurzelknöllchen leben, Luftstickstoff binden. Aus diesem Grund eignen sich der Wiesen-Klee – und verschiedene weitere Arten aus der Familie
der Schmetterlingsblütengewächse – zur Gründüngung und damit zur Boden-
verbesserung. In der Praxis sät man eine Fläche ein und pflügt sie später um.

Acker-Kratzdistel
Cirsium arvense

Merkmale: Die ausdauernde Acker-Kratzdistel hat aufrechte, reich beblätterte und verzweigte Stängel, wobei die einzelnen Äste nicht immer Blütenköpfchen tragen. Die Blätter sind tief gelappt, manchmal auch nur eingebuchtet. Sie laufen am Stängel nicht oder kaum herab. Die rötlichen bis schmutzig-lila Blütenköpfchen setzen sich teilweise aus eingeschlechtigen Blüten zusammen. Die Pflanze gehört zur Familie der Köpfchen- oder Körbchenblütler (Asteraceae).

KURZCHECK

Wuchshöhe: bis 120 cm
Blütengröße: Köpfchen
15-25 mm im Durchmesser
Blattform: tief gelappt,
manchmal auch nur eingebuchtet, fein stachelig
gewimpert

J	F	M	A	M	J	J	A	S	O	N	D

Vorkommen: Die Acker-Kratzdistel braucht stickstoffreichen Boden und wächst überall in Unkrautfluren, auf Äckern, an Wegrändern und auf Ruderalflächen. Sie kommt von der Ebene bis in Höhen um 2000 m vor und ist über weite Teile Europas verbreitet.

Wissenswertes: In der Schweiz nennt man die Pflanze auch kurz »Acker-Distel«. Die Samen haben Flughaare und werden durch den Wind weit verfrachtet. Die Art ist eine wichtige Futterpflanze für die Raupen des Distelfalters *(Cynthia cardui)*.

Große Klette
Arctium lappa

Wuchshöhe: bis 150 cm
Blütengröße: Köpfchen
20–25 mm im Durchmesser
Blattform: breit-herzförmig

Heilpflanze

| J | F | M | A | M | J | J | A | S | O | N | D |

Merkmale: Auf den ersten Blick sehen die Blütenköpfchen der einjährigen Kletten wie die von Disteln aus. Den Kletten fehlen aber die Stacheln an Spross und Blättern, sodass eine Unterscheidung leicht möglich ist. Die Große Klette hat große, unterseits weißgraue Blätter, die an markerfüllten Stielen sitzen. Die Grundblätter können bis 50 cm lang und 40 cm breit werden. Im Bereich des Stängels sind die Blätter wechselständig angeordnet. Die Pflanze zählt zur Familie der Köpfchen- oder Körbchenblütler (Asteraceae).

Vorkommen: Die Große Klette wächst auf Unkrautfluren, an Wegrändern und ähnlichen Stellen und tritt in den Bergen bis in 1300 m Höhe auf. Die Art ist über das südliche Skandinavien, Mittel- und Südeuropa verbreitet.

Wissenswertes: Da die Blätter des Hüllkelches hakig gekrümmt sind, bleiben die Fruchtstände leicht im Fell von Tieren hängen. Bei den Kletten liegt also ein Paradebeispiel für die Verbreitung von Samen mit Hilfe von Tieren vor.

Gemeine Flockenblume
Centaurea jacea

Merkmale: Der aufrechte Stängel der ausdauernden Pflanze ist kantig und fühlt sich rau an. Die oberen lanzettlichen Stängelblätter sind sitzend, die unteren weisen meist einen sichtbaren Stiel auf und sind manchmal gelappt oder gefiedert. Sie sind wechselständig angeordnet. Die Blütenköpfchen sind rötlich bis purpurn gefärbt und setzen sich ausschließ-

	Wuchshöhe: 20-80 cm
	Blütengröße: Köpfchen 10-20 mm im Durchmesser
	Blattform: meist lanzettlich

KURZCHECK

J	F	M	A	M	J	J	A	S	O	N	D

lich aus Röhrenblüten zusammen. Auffällig sind die strahlig vergrößerten Randblüten. Die Pflanze gehört zur Familie der Köpfchen- oder Körbchenblütler (Asteraceae).

Vorkommen: Die Gemeine Flockenblume gedeiht auf Wiesen und Trockenhängen, aber auch an Wegrändern und auf Brachland. Sie ist sehr häufig, kommt bis in 1900 m Höhe vor und ist eurasisch verbreitet.

Wissenswertes: Die Art ist formenreich. Verschiedene Unterarten sind beschrieben, die unterschiedliche Standortansprüche haben und unterschiedlich verbreitet sind. Eine ganz nah verwandte Art ist übrigens die Kornblume (*Centaurea cyanus*, siehe S. 156).

Arznei-Baldrian
Valeriana officinalis

Wuchshöhe: 0,40–1,50 m	
Blütengröße: 2,5–5 mm lang	
Blattform: gefiedert	
Heilpflanze	

KURZCHECK

J	F	M	A	M	J	J	A	S	O	N	D

Merkmale: Die Stängelblätter sind bei dieser ausdauernden Pflanze gefiedert und gegenständig angeordnet. Die mittleren Blätter weisen 7 bis 10 Fiederpaare auf, wobei die Blättchen 2-7 cm lang und und 0,5-1,2 cm breit werden. Die halbkugeligen oder schirmförmigen Blütenstände sehen wie Dolden aus; es handelt sich aber um kopfige Blütenstände. Die rötlichen Einzelblüten sind winzig. Die Pflanze gehört zur Familie der Baldriangewächse (Valerianaceae).

Vorkommen: Die Pflanze braucht feuchten Lehm- oder Tonboden. Man trifft sie in Moorwiesen, an Gräben und an den Ufern größerer Gewässer an, aber auch in Auenwäldern und in Hochstaudenfluren. Die formenreiche Art ist über fast ganz Europa bis in Höhen um 2000 m verbreitet.

Wissenswertes: Die Blüten sind wohlriechend. Die unterirdischen Teile der Pflanze wirken beruhigend und krampflösend. Deshalb zählt der Baldrian zu den in der Volksmedizin weit verbreiteten und angewendeten Mitteln, und so mancher hat Baldriantropfen in seiner Hausapotheke.

Dost
Origanum vulgare

Merkmale: Typisch für den Dost sind die kleinen, kurz gestielten Blätter. Sie werden nur 1-4 cm lang und 0,5-2,5 cm breit und sind gegenständig angeordnet. Im Durchlicht erscheinen sie drüsig punktiert. Die Tragblätter und der Kelch sind meist purpurn überlaufen, die Blüten meist rosa gefärbt. Der Dost gehört zur Familie der Lippenblütler (Lamiaceae oder Labiatae). Zu Verwechslungen mit dem Dost mag der deutlich größere Wasserdost (*Eupatorium cannabinum*, siehe S. 133) Anlass geben.

Vorkommen: Der Dost wächst in Trockenrasen und in lichten Gebüschen. In den Bergen ist er bis in 1800 m Höhe anzutreffen. Die Art ist über fast ganz Europa verbreitet.

Wissenswertes: Der Dost ist eine bekannte Heil- und Gewürzpflanze. Mit seinen ätherischen Ölen und Gerbstoffen dient das getrocknete Kraut als Magenmittel – oder auch zur Abwehr von Hexen, Teufeln und bösen Geistern. In der Küche findet der Dost als »Wilder Majoran« Verwendung. Gebräuchlicher ist aber wohl der Name »Oregano« für das Küchengewürz.

KURZCHECK

Wuchshöhe: 20-60 cm
Blütengröße: 4-7 mm im Durchmesser
Blattform: eiförmig, ganzrandig

Heilpflanze

J	F	M	A	M	J	J	A	S	O	N	D

Wasserdost, Wasserhanf
Eupatorium cannabinum

KURZCHECK

Wuchshöhe: 0,50-1,50 m
Blütengröße: 2-5 mm im
 Durchmesser
Blattform: handförmig, meist
 dreigeteilt

J	F	M	A	M	J	J	A	S	O	N	D

Merkmale: Die stattliche, mehrjährige Pflanze hat aufrechte, oft etwas rötlich gefärbte Stängel. Die Blätter setzen sich aus 8-15 cm langen und 2-4 cm breiten Teilblättchen zusammen und sind gegenständig angeordnet. Die kleinen Blüten stehen in kupferfarbenen Scheindolden zusammengefasst. Der Wasserdost gehört zur Familie der Köpfchen- oder Körbchenblütler (Asteraceae). Zu Verwechslungen mag es mit dem Dost (*Origanum vulgare*, siehe S. 132) kommen, der aber deutlich kleiner bleibt.

Vorkommen: Der Wasserdost wächst gesellig in Auenwäldern und an den Ufern von Flüssen und Seen, daneben an feuchten Waldsäumen und auf feuchten Lichtungen. Die Art ist über ganz Mitteleuropa verbreitet und in den Alpen bis in 1200 m Höhe anzutreffen.

Wissenswertes: Ein Blütenköpfchen besteht aus nur wenigen Einzelblüten. Die Schauwirkung der Blüten beruht darauf, dass viele einzelne Köpfchen zu einem auffälligen Blütenstand zusammengefasst sind. Die Blüten werden von Bienen und Schmetterlingen besucht.

Zaun-Wicke
Vicia sepium

Merkmale: Die mehrjährige Pflanze hat gefiederte Blätter mit 2 bis 9 Paaren von Fiederblättchen und Blattranken an ihrer Spitze. Die violetten oder rötlichen Blüten stehen zu 3 bis 5 in kurz gestielten Trauben zusammen. Einzuordnen ist die Art in die Familie der Schmetterlingsblütengewächse (Fabaceae).

Vorkommen: Die Zaun-Wicke kommt überall auf Fettwiesen und am Rand von Äckern, aber auch in Hecken und in Feldgehölzen häufig vor. Sie ist von ebenen Lagen bis in Höhen um 2000 m verbreitet.

KURZCHECK

Wuchshöhe: 20-60 cm
Blütengröße: Krone 12-15 mm, Traube 5-6 cm lang
Blattform: gefiedert, mit Ranken an der Spitze

| J | F | M | A | M | J | J | A | S | O | N | D |

Wissenswertes: Am Beispiel der Zaun-Wicke kann man sich gut den Bau einer Schmetterlingsblüte verdeutlichen: Die Blüten sind zweiseitig symmetrisch gebaut, d. h. man kann sie in 2 spiegelbildliche Hälften zerlegen. Sie sind zusammengesetzt aus dem 5-zipfeligen Kelch und den 5 Kronblättern. Das obere Kronblatt ist besonders auffällig geformt; man nennt es Fahne. Die beiden kleineren seitlichen Kronblätter heißen Flügel, und die beiden unteren sind zum sogenannten Schiffchen verwachsen.

Vogel-Wicke
Vicia cracca

Wuchshöhe: 20-130 cm
Blütengröße: Einzelblüte
8-12 mm, Traube bis 6 cm
lang
Blattform: gefiedert

KURZCHECK

| J | F | M | A | M | J | J | A | S | O | N | D |

Merkmale: Die formenreiche Pflanze kann ganz unterschiedlich hoch werden – je nachdem, ob der Stängel eher niederliegend ist oder beispielsweise an einem Strauch emporklettern kann. Die Blätter sind gefiedert. Sie setzen sich aus 10 bis 20 Blättchen zusammen und enden in verzweigten Ranken. Je 10 bis 40 blaue oder blauviolette Blüten stehen in länglichen, schmalen, lang gestielten Trauben zusammengefasst. Die Hülsen werden 10-25 mm lang und 4-6 mm breit. Die Pflanze gehört zur Familie der Schmetterlingsblütengewächse (Fabaceae).

Vorkommen: Man findet die Vogel-Wicke auf Wiesen, an den Rändern von Ackerflächen, auch in Gebüschen, an Waldrändern und an den Ufern von Gewässern. Die Art ist über Teile Europas und Asiens verbreitet, und zwar bis in Höhen von 2200 m.

Wissenswertes: Vögel fressen bisweilen die Samen der Pflanze; dies hat ihr wohl den Namen gegeben. Die Wicke kann in Getreidefeldern lästig werden, ist andererseits ein gutes Viehfutter.

135

Natternkopf
Echium vulgare

Merkmale: Das auffälligste Merkmal des Natternkopfes sind die pyramidenförmigen Blütenstände, die aus zahlreichen glockig-trichterförmigen Einzelblüten zusammengesetzt sind. Die Blütenfarbe ist zunächst rötlich, dann blau. Dies wird durch eine Änderung im Säuregrad des Zellsaftes hervorgerufen. Sowohl der Stängel als auch die Stängelblätter und die Blätter der grundständigen Rosette sind steifborstig behaart. Dies ist ein allgemeines Kennzeichen für die Familie der Raublattgewächse (Boraginaceae).

KURZCHECK

Wuchshöhe: 30–100 cm
Blütengröße: 15–20 mm lang
Blattform: länglich-lanzettlich

| J | F | M | A | M | J | J | A | S | O | N | D |

Vorkommen: Der Natternkopf kommt fast ausschließlich auf Brachland vor, etwa an Wegrändern und an Bahndämmen. Steiniger Untergrund wird bevorzugt. Er besiedelt Höhenlagen bis 1200 m. Die Pflanze ist über fast ganz Europa verbreitet.

Wissenswertes: Der Natternkopf gehört zu den Pionierpflanzen, die sich auf Rohböden schon in einer frühen Phase ansiedeln. Der Name der Pflanze bezieht sich auf den Bau der Blüten: Die Staubblätter ragen weit aus der Blumenkrone heraus, was an die ausgestreckte Zunge einer Schlange erinnert.

Wiesen-Salbei
Salvia pratensis

KURZCHECK

Wuchshöhe: 30–60 cm
Blütengröße: Krone
20–30 mm lang, etwa 3-mal
so lang wie der Kelch
Blattform: eiförmig bis lanzettlich, Rand unregelmäßig
gekerbt

J F M A M J J A S O N D

Merkmale: Das auffälligste Merkmal des mehrjährigen Wiesen-Salbeis sind die Blütenstände aus 4 bis 6 blau-violetten, selten auch rosafarbenen oder weißen Blüten. Die runzelig erscheinenden Blätter sind vorwiegend in einer grundständigen Rosette angeordnet, der 4-kantige Stängel ist nur wenig beblättert. Die Grundblätter sind eiförmig, die Stängelblätter sind viel kleiner und mehr lanzettlich, und sie sind gegenständig angeordnet. Die Pflanze gehört zur Familie der Lippenblütler (Lamiaceae oder Labiatae).

Vorkommen: Dem Wiesen-Salbei begegnet man in Kalkmagerrasen und Halbtrockenrasen, auf warmen Fettwiesen, an Wegrändern und an Böschungen. Er ist überall häufig und im Bergland bis in 1100 m Höhe anzutreffen.

Wissenswertes: Der Wiesen-Salbei hat eine interessante Blütenökologie, und man sollte einmal warten, bis eine bestäubende Biene auf der Unterlippe anfliegt. Dann sieht man nämlich, dass die Staubblätter wie »Schlagbäume« funktionieren: Die Staubbeutel werden auf das behaarte Hinterende der Biene gedrückt und hinterlassen dort den Pollen.

Kriechender Günsel
Ajuga reptans

Merkmale: Der Kriechende Günsel gehört zur Familie der Lippenblütler (Lamiaceae). Die gemeinsamen Kennzeichen sind der 4-kantige Stängel und die kreuzgegenständige Blattstellung, d. h. die Blätter stehen sich immer paarweise gegenüber, und benachbarte Blattpaare stehen über Kreuz. Die blauen Blüten sind zweiseitig symmetrisch gebaut, und man kann eine sehr kurze Oberlippe und eine Unterlippe unterscheiden. Der Fruchtknoten ist 4-teilig; in reifem Zustand zerfällt er in 4 Teilfrüchte.

KURZCHECK	
Wuchshöhe: bis 30 cm	
Blütengröße: 14-17 mm lang	
Blattform: ungeteilt	
Heilpflanze	

J	F	M	A	M	J	J	A	S	O	N	D

Vorkommen: Der Günsel kommt häufig auf frischen, nährstoffreichen Wiesen und in artenreichen Wäldern vor. Seine vertikale Verbreitungsgrenze liegt bei 1700 m.

Wissenswertes: Typisch für diese Art sind die oberirdischen Ausläufer. Die Pflanze kann sich also zum einen geschlechtlich über Samen vermehren, zum anderen ungeschlechtlich, indem sie an den Ausläufern Tochterpflanzen bildet. Am Ende des ersten Jahres werden diese Tochterpflanzen selbstständig. Sie überwintern mit der Blattrosette. Im zweiten Jahr treiben sie ganz aus.

Gemeine Braunelle
Prunella vulgaris

KURZCHECK

Wuchshöhe: 10-30 cm
Blütengröße: Einzelblüte
13-15 mm lang, Ähre
20-30 mm lang
Blattform: ganzrandig, länglich
bis eiförmig

| J | F | M | A | M | J | J | A | S | O | N | D |

Merkmale: Die Gemeine Braunelle ist mehrjährig. Die gestielten Blätter werden 1,5-3 cm lang, sind ganzrandig oder am Rand schwach gekerbt und sparsam behaart. Sie sind gegenständig an den niederliegend-aufsteigenden, oft verzweigten Stängeln angeordnet. Typisch sind die in einer kopfigen Ähre eng zusammenstehenden blauvioletten Blüten. Die Pflanze gehört zur Familie der Lippenblütler (Lamiaceae oder Labiatae).

Vorkommen: Der Gemeinen Braunelle begegnet man verbreitet auf Parkrasen, auf Fettwiesen, auf Moorwiesen und an Bachufern. Bevorzugt werden frische bis feuchte, gut mit Stickstoff versorgte Standorte. Die Art kommt von der Ebene bis in Lagen von 2200 m vor.

Wissenswertes: Die Pflanze heißt in der Schweiz »Gemeine Brunelle«. Sie ist ein Nährstoffzeiger, stellt also einige Ansprüche an den Nährstoffgehalt des Bodens, der zudem nicht zu trocken sein sollte. An geeigneten Stellen tritt die Pflanze meist gesellig auf. Die Bestäubung der Blüten wird hauptsächlich von Hummeln besorgt.

Gundermann
Glechoma hederacea

Merkmale: Die typischen Merkmale des Gundermanns sind zum einen die gestielten, rundlich-nierenförmigen und am Rand gekerbten Blätter. Sie werden 10-35 mm lang und 10-40 mm breit und sind gegenständig am kriechenden oder aufsteigenden Stängel angeordnet. Zum anderen sind es die blauvioletten Blüten, die zu 2 oder 3 in Halbquirlen zusammenstehen. Die Pflanze zählt zur Familie der Lippenblütler (Lamiaceae).

Vorkommen: Den Gundermann trifft man auf frischen bis nassen Wiesen und Weiden sowie in Wäldern an, oft zusammen mit dem Kriechenden Günsel (*Ajuga reptans*, siehe S. 138). Er kommt in ganz Europa und in Teilen Asiens von ebenen Lagen bis in etwa 1500 m Höhe vor.

Wissenswertes: Beim Gundermann erfolgt die Verbreitung der Samen häufig durch Ameisen. Der in der Schweiz gebräuchliche Name der Pflanze ist »Gundelrebe«. Darin steckt – ebenso wie im deutschen Namen – das gotische Wort »gund« für Geschwür bzw. Eiter. Früher galt die Pflanze als sehr wichtiges Heilmittel, heute spielt sie medizinisch keine Rolle mehr.

Wuchshöhe: 10-15 cm
Blütengröße: 15-22 mm lang
Blattform: rundlich-nieren-
   förmig, Rand gekerbt

Heilpflanze

KURZCHECK

| J | F | M | A | M | J | J | A | S | O | N | D |

Bittersüßer Nachtschatten
Solanum dulcamara

KURZCHECK

Wuchshöhe: bis 300 cm (kletternd!)
Blütengröße: 10-15 mm im Durchmesser
Blattform: eiförmig-lanzettlich

Giftig!   Heilpflanze

J	F	M	A	M	J	J	A	S	O	N	D

Merkmale: Der ausdauernde Bittersüße Nachtschatten hat einen am Grund verholzten, kletternden, beblätterten Stängel. Die Blüten stehen in lockeren Doldentrauben zusammen. An ihnen fallen die dunkelvioletten, meist zurückgeschlagenen Kronblätter und die gelben Staubblätter auf. Nach der Blüte erscheinen zunächst grüne, dann glänzend rote, sehr giftige Beeren. Familie: Nachtschattengewächse (Solanaceae).

Vorkommen: Bevorzugter Lebensraum der Art sind feuchte Gebüsche, Auenwälder und Hecken. In der Verlandungszone von stehenden Gewässern findet man die Pflanze im Bruchwald, aber auch bis ins Röhricht hinein. Sie kommt bis in 1700 m Höhe vor.

Wissenswertes: In der Schweiz und in Österreich ist auch der Name »Bittersüß« üblich. Eine nahe Verwandte des Bittersüßen Nachtschattens ist die Kartoffel *(Solanum tuberosum)*. Diese wichtige Kulturpflanze stammt aus Südamerika und zeigt einen ganz ähnlichen Blütenbau. Eine weitere Verwandte ist die Tollkirsche *(Atropa bella-donna)*, siehe S. 160.

Gamander-Ehrenpreis
Veronica chamaedrys

Merkmale: Der Gamander-Ehren-preis ist gut daran zu erkennen, dass sein Stängel 2-zeilig behaart ist. Die Blätter sitzen direkt am Stängel an oder haben einen kurzen Stiel; der Blattgrund ist abgerundet. Die Blü-ten - himmelblau mit dunkler blauen Adern - stehen in einer kleinen Trau-be zusammengefasst. Die Pflanze gehört zur Familie der Rachenblütler (Scrophulariaceae).

Wuchshöhe: 10-30 cm
Blütengröße: 9-10 mm im Durchmesser
Blattform: eiförmig-spitz, Rand gekerbt

KURZCHECK

J	F	M	A	M	J	J	A	S	O	N	D

Vorkommen: Dieser Ehrenpreis kommt in Wiesen, an Wegrainen, an Hecken und an den Rändern von Feldgehölzen häufig vor. Er ist über ganz Europa bis in 2200 m Höhe verbreitet.

Wissenswertes: 4 Kelchblätter, 4 Kronblätter und 2 Staubblätter – das ist der typische Bau einer Ehrenpreis-Blüte. Er ist damit deutlich von dem ande-rer Rachenblütler (Scrophulariaceae) wie Königskerze (*Verbascum*-Arten), Leinkraut (*Linaria*-Arten) oder Löwenmäulchen (*Antirrhinum*-Arten) unter-schieden. Die Gattung *Veronica* ist sehr artenreich; es gibt eine ganze Anzahl sehr ähnlicher Arten in Mitteleuropa.

Frühlings-Enzian
Gentiana verna

Wuchshöhe: bis 15 cm
Blütengröße: 18–30 mm im
Durchmesser
Blattform: ungeteilt, elliptisch
oder oval-lanzettlich

Geschützt

J	F	M	A	M	J	J	A	S	O	N	D

Merkmale: Der Frühlings-Enzian hat bis 2 cm lange Blätter. Die unteren Blätter, die rosettenartig gehäuft stehen, werden etwas größer als die oberen. Die Stängel tragen nur 1 Blüte, die himmelblau bis tiefblau gefärbt ist. Die Kronblätter sind zu einer engen Röhre verwachsen, die Kronzipfel stehen flach ausgebreitet. Zwischen den Zipfeln werden kleine, weiße, 2-spitzige Anhängsel sichtbar. Der Kelch ist schmal geflügelt. Die Pflanze ist in die Familie der Enziangewächse (Gentianaceae) einzuordnen.
Vorkommen: Der Enzian wächst gesellig in Kalkmagerrasen oder auf Steinfluren und in Flachmooren (Mittelgebirgslagen bis 2600 m Höhe).
Wissenswertes: Der Frühlings-Enzian reagiert sehr auf Düngung. Mit der Intensivierung der Landwirtschaft sind seine Bestände stark zurückgegangen. Die Art trägt viele volkstümliche Namen, in Österreich beispielsweise »Blaues Nagerle«, »Schusternagerl«, »Wetterveigele« oder »Blitznägele«. Ein weiterer netter Name ist »Hosenfärberle«, was sich auf die Farbkraft der Pflanze bezieht. Man hat die blaue Farbe auch zum Färben von Ostereiern verwendet.

Wald-Veilchen
Viola reichenbachiana

Merkmale: Das Wald-Veilchen hat typische herz-eiförmige Grundblätter mit einer meist deutlichen Spitze. Die Blätter sind nur zerstreut behaart und auf der Unterseite oft violett gefärbt. Die rötlich-violetten Blüten mit den 5 Kronblättern tragen einen deutlichen Sporn. Sie stehen an langen Stielen in den Achseln der Stängelblätter. Die Pflanze gehört zur Familie der Veilchengewächse (Violaceae).

Wuchshöhe: 10-20 cm
Blütengröße: 12-18 mm im Durchmesser, Sporn 5-6 mm lang
Blattform: herz-eiförmig

KURZCHECK

| J | F | M | A | M | J | J | A | S | O | N | D |

Vorkommen: Dem Wald-Veilchen begegnet man ziemlich häufig in krautreichen Auen-, Laub- und Nadelmischwäldern von der Ebene bis in etwa 1700 m Höhe. Es bevorzugt lockeren, humosen Boden und schattige Stellen.

Wissenswertes: Die Familie der Veilchengewächse ist in Mitteleuropa mit nur 1 Gattung vertreten, der Gattung *Viola*. Ihre einzelnen Vertreter kommen in ganz unterschiedlichen Lebensräumen vor, das duftende März-Veilchen (*Viola odorata*) etwa an trockenen Wegrainen und in Gebüschen, das Gewöhnliche Stiefmütterchen (*Viola tricolor*, siehe S. 145) auf Wiesen, auf Äckern und auf Ödland. Die Samen werden oft durch Ameisen verschleppt.

Gewöhnliches Stiefmütterchen
Viola tricolor

Wuchshöhe: 20-25 cm
Blütengröße: 10-25 mm im
  Durchmesser
Blattform: fiederspaltig

Heilpflanze

KURZCHECK

| J | F | M | A | M | J | J | A | S | O | N | D |

Merkmale: Das Stiefmütterchen hat einen kahlen, verzweigten Stängel. Daran sitzen fiederspaltige Blätter, deren Rand gezähnt ist. Die Blüten können in der Farbe stark variieren. Es kommen rötlich-blau und blau-violett blühende Exemplare vor, aber auch hellgelb und weißlich blühende. Der Sporn der Blüten ist höchstens halb so lang wie die Kronblätter. Auffällig sind die in 3 Klappen aufspringenden Kapselfrüchte. Die Pflanze gehört zur Familie der Veilchengewächse (Violaceae).

Vorkommen: Wiesen, Äcker, Wegränder und Ödlandflächen sind die Orte, wo das Stiefmütterchen gedeiht. Es ist über die kühl-gemäßigte Zone der gesamten Nordhalbkugel verbreitet und kommt in fast ganz Europa vor. Die vertikale Verbreitungsgrenze liegt in etwa 1200 m Höhe.

Wissenswertes: Jeder Gartenfreund kennt das Gartenstiefmütterchen *(Viola × wittrockiana).* Es wird heute in vielen Formen und Farben ausgesät. Diese schöne Gartenblume wurde aus wilden *Viola*-Arten, u. a. auch aus *Viola tricolor*, herausgezüchtet. Die Blüten werden meist von Bienen bestäubt.

Leberblümchen
Hepatica nobilis, Anemone hepatica

Merkmale: Das ausdauernde Leberblümchen, ein Vertreter der Familie der Hahnenfußgewächse (Ranunculaceae), zeigt typische 3-lappige Blätter (Name!), die den Winter über erhalten bleiben. Die Blüten sind aus 6 blauen, selten auch weißen Kronblättern und zahlreichen Staubblättern und Stempeln aufgebaut. Wenn die Blüten verwelkt sind, erscheinen die neuen Blätter; die vorjährigen Blätter sterben dann ab.

Wuchshöhe: 8-25 cm
Blütengröße: 15-35 mm im Durchmesser
Blattform: 3-lappig

Geschützt
Heilpflanze

J F M A M J J A S O N D

KURZCHECK

Vorkommen: Leberblümchen wachsen - oft herdenweise - in schattigen Laubwäldern auf frischem, nährstoffreichem, meist kalkhaltigem, lockerem Untergrund mit einer gut entwickelten Mullauflage. Die Pflanze kommt bis in etwa 1500 m Höhe vor.

Wissenswertes: Das Leberblümchen ist mit dem Busch-Windröschen (*Anemone nemorosa*, siehe S. 38) nah verwandt und ebenfalls ein Frühblüher. Mittelalterliche »Mediziner« hielten die Pflanze übrigens aufgrund ihrer Blattform für wirksam bei Leberleiden. Dies ist aber ein frommer Wunsch geblieben. Entsprechende Wirkstoffe enthält das Leberblümchen nicht.

Kleines Immergrün
Vinca minor

Wuchshöhe: 15-20 cm
Blütengröße: 25-30 mm im
Durchmesser
Blattform: einfach, elliptisch
bis lanzettlich

Heilpflanze

KURZCHECK

J F M A M J J A S O N D

Merkmale: Der am Grund etwas verholzte Stängel des ausdauernden Immergrüns wird 30-60 cm lang und kriecht mehr oder weniger am Boden entlang. An den Knoten bilden sich Wurzeln aus. Die gegenständig angeordneten Blätter bleiben auch im Winter grün; daher der Name der Pflanze! Sie messen 4 mal 2,5 cm. Die 5-zähligen, hellblauen Blüten erscheinen oft schon im Vorfrühling. Familie: Immergrüngewächse (Apocynaceae).

Vorkommen: Der typische Lebensraum des Kleinen Immergrüns sind artenreiche Laub- und Mischwälder bis in 1000 m Höhe. Es wächst meist herdenweise und überzieht dann den Waldboden auf größeren Flächen. Das Immergrün ist eine typische Mullbodenpflanze.

Wissenswertes: Das Immergrün wird mancher als Gartenpflanze kennen. Tatsächlich wurde die Wildform in die Gärten geholt. Es ist also nicht so, dass es sich bei den wild wachsenden Pflanzen immer um Gartenflüchtlinge handelt. Dennoch ist die Art natürlich vielerorts verwildert.

147

Wiesen-Storchschnabel
Geranium pratense

Merkmale: Bei dieser Storchschnabel-Art sind die Blätter mehrfach gelappt und gezähnt und kurz behaart. Gemeinsame Merkmale der Gattung sind die aus 5 Kelchblättern, 5 Kronblättern, 10 Staubblättern und 1 Stempel zusammengesetzten Blüten, die beim Wiesen-Storchschnabel groß und auffällig blau oder hell blaulila gefärbt sind. Die Pflanze zählt zur Familie der Storchschnabelgewächse (Geraniaceae).

KURZCHECK

Wuchshöhe: 30–60 cm
Blütengröße: Kronblätter 15–22 mm lang, Durchmesser der Blüte 25–40 mm
Blattform: mehrfach gelappt und gezähnt

J	F	M	A	M	J	J	A	S	O	N	D

Vorkommen: Den Wiesen-Storchschnabel findet man meist gesellig wachsend in Fettwiesen vor allem tiefer Lagen. Besonders gut gedeiht die Pflanze in Senken und an Grabenrändern; der Boden muss gut durchfeuchtet sein.

Wissenswertes: Nach der Blüte wachsen Fruchtknoten und Griffel weiter, sodass sich ein Gebilde von der Form eines Vogelschnabels ergibt. Wenn die Samen gereift sind, reißt der »Schnabel« bei trockenem Wetter in die 5 einzelnen Fruchtblätter auf, die aber im oberen Teil mit der Mittelsäule verbunden bleiben. Die Samen werden durch diesen Mechanismus aus den Fruchtfächern weit herausgeschleudert.

Wiesen-Glockenblume
Campanula patula

KURZCHECK

Wuchshöhe: bis 60 cm
Blütengröße: 20-25 mm lang
Blattform: Grundblätter
  eiförmig, Stängelblätter
  länglich, kurz gestielt

| J | F | M | A | M | J | J | A | S | O | N | D |

Merkmale: Die Wiesen-Glockenblume wird bis 60 cm hoch, ist also eine sehr stattliche Glockenblumen-Art. Zudem hat sie einen lockeren, weit ausladenden Blütenstand, was ihr in der Schweiz den Namen »Ausgebreitete Glockenblume« eingetragen hat. Sie blüht meist hellblau oder helllila, aber auch blauviolett. Die trichterförmige Blumenkrone ist bis zur Mitte gespalten. Die Kelchzipfel sind deutlich kürzer als die Kronröhre. Die Grundblätter werden 30-50 mm lang und 10-15 mm breit. Die Stängelblätter sind wechselständig angeordnet. Die Blütenstiele tragen oberhalb der Mitte 2 schmale Hochblätter. Familie: Glockenblumengewächse (Campanulaceae).
Vorkommen: Die Pflanze braucht lockeren und eher kalkarmen Boden. Sie wächst auf Wiesen und in Gebüschen und an deren Säumen bis in 1400 m Höhe. Die Art ist über fast ganz Europa verbreitet und überall häufig.
Wissenswertes: Die Blüten richten sich nach dem einfallenden Sonnenlicht aus. Bei Sonne stehen sie aufgerichtet, während sie bei Nacht und bei Regen hängen. Pollen und Nektar werden also, wenn nötig, vor Nässe geschützt.

Gewöhnliche Küchenschelle, Gewöhnliche Kuhschelle
Pulsatilla vulgaris

Merkmale: Die Pflanze ist zur Blütezeit zwar nur niedrig, wegen ihrer
großen violetten Blüten aber kaum zu
übersehen. Die 6 Blütenblätter bilden ein sogenanntes Perigon; die
Blüte ist also nicht in Kelch und Krone gegliedert. Weiter zeigt die Blüte
eine Vielzahl von gelben Staubblättern. Die Laubblätter der Küchenschelle sind zunächst weniger auffäl-

KURZCHECK

Wuchshöhe: zur Blütezeit
5–10 cm, später bis 40 cm
Blütengröße: 55–85 mm im
Durchmesser
Blattform: gefiedert

Geschützt   Heilpflanze

J	F	M	A	M	J	J	A	S	O	N	D

lig. Während der Blütezeit sieht man meist nur die eine Art Hülle bildenden
Hochblätter unterhalb der Blüten. Die Grundblätter erscheinen erst, wenn die
Pflanze verblüht ist. Familie: Hahnenfußgewächse (Ranunculaceae).
Vorkommen: Diese Küchenschelle findet man auf sonnigen, trockenen Wie-
senhängen auf basenreichen Böden. Sie ist hauptsächlich über Mittel- und
Westeuropa verbreitet. Durch Kulturmaßnahmen ist die Art stark gefährdet.
Wissenswertes: Als Anpassung an warme und trockene Bedingungen ist die
Pflanze zottig behaart. Die Haare helfen, den die Verdunstung fördernden
Wind abzuschirmen. Nach der Blütezeit wächst die Pflanze in die Höhe. So
kann der Wind leichter die Früchte mit den behaarten Anhängen verbreiten.

Gewöhnliche Akelei
Aquilegia vulgaris

Wuchshöhe: 30-80 cm
Blütengröße: 30-50 mm im
Durchmesser, Sporn
15-22 mm lang
Blattform: doppelt 3-zählig

Geschützt   Heilpflanze

KURZCHECK

J	F	M	A	M	J	J	A	S	O	N	D

Merkmale: Der aufrechte, meist verzweigte Stängel der ausdauernden Akelei ist mit typischen, doppelt 3-zähligen Blättern besetzt. An der Spitze trägt er 3 bis 10 lang gestielte, blauviolett gefärbte Blüten. Als wichtiges Artmerkmal verläuft der Sporn in gebogener Linie in das hakige Ende aus, und die Staubblätter ragen nur wenig aus der Blüte hervor. Die Pflanze gehört zur Familie der Hahnenfußgewächse (Ranunculaceae).
Vorkommen: Die Gewöhnliche Akelei wächst in lichten, krautreichen Laubwäldern, in Heckensäumen und auf Wiesen. Sie bevorzugt kalkhaltigen Boden und kommt von der Ebene bis in rund 2000 m Höhe vor.
Wissenswertes: Die Gewöhnliche Akelei ist die Stammform der im Garten angepflanzten (auch rosa oder weiß blühenden) Sorten. Die Blüten werden meist von Hummeln bestäubt. Oft sieht man, dass die Insekten ein Loch in den Sporn gebissen haben. Auf diese Weise gelangen sie an den Nektar, der im Sporn verborgen liegt. Die alte Heilpflanze findet heute nur noch geringe Verwendung in der Medizin.

Echtes Lungenkraut
Pulmonaria officinalis

Merkmale: Die ausdauernde Pflanze hat borstig behaarte Stängel, die nur wenige ovale, oft weißlich gefleckte Blätter tragen. In den Blattachseln sitzen zu mehreren die Blüten, deren Färbung blau und rot sein kann. Das Lungenkraut kann man oft schon im März blühend antreffen. Es ist also ein Frühblüher und gehört zur Familie der Raublattgewächse (Boraginaceae).

Vorkommen: Das Lungenkraut bevorzugt lichte Laubwälder, kommt aber auch an Bachufern und in Auen vor. Die Pflanze ist bis in 1300 m Höhe zu finden und über fast ganz Europa verbreitet.

Wissenswertes: Früher war das Lungenkraut ein verbreitetes Heilmittel gegen Erkrankungen der Lunge (Name!). Dass die Blütenfarbe der Pflanze im Lauf der Blütezeit von rot nach blau umschlägt, hängt mit dem Säuregrad in den Zellen zusammen, der die Farbstoffe unterschiedlich erscheinen lässt. Dasselbe ist bei der Frühlings-Platterbse (*Lathyrus vernus*, siehe S. 100) und beim Natternkopf (*Echium vulgare*, siehe S. 136) der Fall.

KURZCHECK

Wuchshöhe: 20–40 cm
Blütengröße: 13–18 mm lang
Blattform: oval

Heilpflanze

J	F	M	A	M	J	J	A	S	O	N	D

Sumpf-Vergissmeinnicht
Myosotis palustris

Wuchshöhe: 10-40 cm
Blütengröße: Durchmesser
4-10 mm
Blattform: spatelig bis
lanzettlich

KURZCHECK

| J | F | M | A | M | J | J | A | S | O | N | D |

Merkmale: Die ausdauernde Pflanze kriecht mit einer dünnen Grundachse weite Strecken am Boden entlang. Daran bilden sich in Abständen neue Wurzeln, mit denen sich die Pflanze im Boden verankert. An den Stängeln sitzen Blätter von etwa 5 cm Länge. Die Blüten stehen in dichten, blattlosen Wickeln zusammengefasst. Die Kronblätter sind anfangs rosa, später dann typisch himmelblau. Selten kommen auch weiß blühende Exemplare vor. Familie: Raublattgewächse (Boraginaceae).

Vorkommen: Die Pflanze wächst auf nassen Wiesen und an den Ufern von fließenden und stehenden Gewässern. Die Art ist über weite Teile der Nordhalbkugel verbreitet und bis in Höhen um 2000 m anzutreffen.

Wissenswertes: Der Name »Vergissmeinnicht« taucht bereits im 15. Jahrhundert auf, ohne dass überliefert wäre, wie es zu dieser Namensgebung gekommen ist. Weitere volkstümliche Namen der Pflanze sind: »Mausohr« - nach den weich behaarten Blättern, »Katzenäugelchen« in der Eifel, »Fischäugele« in Württemberg, »Himmelsschlüssele« in Baden und andere.

Wasser-Minze
Mentha aquatica

Merkmale: Der Stängel der Wasser-Minze ist weich behaart und meist mehr oder weniger stark verzweigt. Unterirdisch und bisweilen auch oberirdisch werden lange Ausläufer gebildet. Die Blätter werden 2-8 cm lang und 1-4 cm breit und sind oft – ebenso wie der Stängel – rotviolett überlaufen. Sie sind kreuzgegenständig angeordnet. Der endständige,

KURZCHECK

Wuchshöhe: 20-50 cm
Blütengröße: Einzelblüte 4-6 mm, Blütenstand 5-6 cm lang
Blattform: elliptisch-eiförmig

Heilpflanze

| J | F | M | A | M | J | J | A | S | O | N | D |

kopfige Blütenstand setzt sich aus einer Vielzahl kleiner lilafarbener – oder weißer – Blüten zusammen. ebenso wie die etwas tiefer angeordneten Blütenquirle. Die Minzen gehören zur Familie der Lippenblütler (Lamiaceae).
Vorkommen: Diese Minze wächst an Grabenrändern und an Bachufern, auch in Nass- und Moorwiesen, in Bruchwäldern und in Weidengebüschen. Sie gedeiht bis in 1200 m Höhe. Die Art ist über ganz Europa verbreitet.
Wissenswertes: In der Schweiz ist neben dem Namen »Wasser-Minze« auch der Name »Bach-Minze« gebräuchlich. Wo die alte Heilpflanze wächst, nimmt man einen kräftigen Pfefferminzgeruch wahr. Zerreibt man einige Blätter, wird der Mentholgeruch noch stärker.

Acker-Witwenblume
Knautia arvensis

Wuchshöhe: 30-80 cm
Blütengröße: Köpfchen
20-40 mm im Durchmesser
Blattform: Grundblätter
eiförmig-lanzettlich, Stängelblätter dagegen wenigstens
teilweise fiederspaltig

KURZCHECK

J	F	M	A	M	J	J	A	S	O	N	D

Merkmale: Das auffälligste Merkmal der Witwenblume sind die lang ge-stielten, blauvioletten bis lilafarbe-nen Blütenköpfe. Die Einzelblüten sind 4-spaltig und am Rand des Kopfes größer als im Zentrum. Der gesamte Blütenkopf ist von einem Hüllkelch umgeben. Der Stängel ist behaart oder beborstet, die Haare sind nach rückwärts gebogen.

Die Pflanze hat matt graugrün gefärbte, gegenständig angeordnete Blätter und gehört zur Familie der Kardengewächse (Dipsacaceae).

Vorkommen: Die Acker-Witwenblume ist auf Fettwiesen, an Wegrändern, an den Rändern von Feldgehölzen und Hecken sowie auf Feldern häufig an-zutreffen. Sie kommt bis in 1500 m Höhe vor und ist über fast ganz Europa und Asien verbreitet.

Wissenswertes: Zur Verwandtschaft der Witwenblume gehören die Karden und die Skabiosen. Unter den Karden ist wiederum die Weber-Karde *(Dipsa-cus sativus)* bekannt, weil mit ihr Tuch aufgeraut wurde. Sehr ähnlich der Acker-Witwenblume ist die Tauben-Skabiose *(Scabiosa columbaria)*.

Kornblume
Centaurea cyanus

Merkmale: Die Kornblume hat prächtig blaue Blütenköpfchen und ist kaum zu übersehen. Die Köpfchen bestehen nur aus Röhrenblüten, von denen die randständigen steril sind. Diese zeigen eine trichterförmig erweiterte und zerschlitzte Röhre. Die Kornblume gehört zur Familie der Köpfchen- oder Körbchenblütler (Asteraceae).

Wuchshöhe: 30-80 cm
Blütengröße: Köpfchen
20-30 mm im Durchmesser
Blattform: Stängelblätter
schmal-linealisch

Heilpflanze

KURZCHECK

J	F	M	A	M	J	J	A	S	O	N	D

Vorkommen: Die Art braucht lockeren, nährstoffreichen Boden. Sie besiedelt Getreidefelder und Schuttplätze von ebenen bis in mittlere Lagen (1600 m Höhe) und ist über weite Teile Europas verbreitet.

Wissenswertes: Die Kornblume ist eine typische Begleitart in Getreidefeldern. Dasselbe gilt für den Klatsch-Mohn (*Papaver rhoeas*, siehe S. 109) und die Kornrade *(Agrostemma githago)*. Alle 3 Arten sind mit der Einführung der Saatgutreinigung im Bestand stark zurückgegangen oder gebietsweise sogar schon ganz verschwunden. Und seit sie so selten geworden sind, machen sich Botaniker ernsthaft Gedanken darüber, ob man nicht auch sogenannte Unkräuter schützen muss.

Gemeine Wegwarte
Cichorium intybus

Wuchshöhe: bis 120 cm
Blütengröße: Köpfchen
25-40 mm im Durchmesser
Blattform: Stängelblätter
länglich-lanzettlich

Heilpflanze

KURZCHECK

| J | F | M | A | M | J | J | A | S | O | N | D |

Merkmale: Bei der Wegwarte sitzen zur Blütezeit im Hochsommer an verschiedenen Stellen des Stängels große, blaue Blütenköpfchen. Je nach Blütezeit und Witterung schließen sich die Blütenköpfchen früher oder später gegen Abend. Die Blätter sitzen direkt am Stängel an und umfassen ihn halb. Die Grundblätter wiederum sehen denen des Gemeinen Löwenzahns (*Taraxacum officinale*, siehe S. 95) ähnlich. Die Wegwarte ist insgesamt eine sparrige Pflanze. Sie gehört zur Familie der Köpfchen- oder Körbchenblütler (Asteraceae).

Vorkommen: Man findet die Wegwarte bis in Lagen um 1500 m überall in Unkrautfluren, an Wegrändern, an Bahndämmen und auf Äckern.

Wissenswertes: Die Gemeine Wegwarte ist eine mehrjährige Pflanze, die mit einer langen Pfahlwurzel überdauert. Diese Wurzel kann man in Stücke zerschneiden, trocknen und in einem Mörser zerstoßen oder gleich in der Kaffeemühle mahlen. Es ergibt sich ein schwarzbraunes Pulver, das als Kaffeeersatz (Zichorie!) bekannt ist oder zumindest war.

Gewöhnlicher Frauenmantel
Alchemilla vulgaris

Merkmale: Die Frauenmantel-Arten haben eine ganz charakteristische Blattform. Sie galt im Mittelalter als Symbol für den Mantel der Gottesmutter Maria (Name!). Beim Gewöhnlichen Frauenmantel sind die lang gestielten Grundblätter rundlich (Durchmesser 7-12 cm) und nur bis maximal zur Mitte geteilt und am Rand gezähnt. Die kleinen, gelblich-grünen Blüten stehen in geknäuelten Rispen zusammen. Die Pflanze gehört zur Familie der Rosengewächse (Rosaceae).

Vorkommen: Den Gewöhnlichen Frauenmantel findet man verbreitet auf nährstoffreichen Wiesen und Weiden, in Quellfluren, am Rand von Gebüschen und an Waldrändern. Die formenreiche Art ist über fast ganz Europa bis in Höhenlagen verbreitet.

Wissenswertes: Beim Frauenmantel kann man gut eine Erscheinung beobachten, die die Biologen als Guttation bezeichnen: Nach feuchtwarmen Nächten zeigen sich morgens an den Blatträndern große Wassertropfen. Diese Tropfen werden von der Pflanze aktiv ausgeschieden.

KURZCHECK

Wuchshöhe: 10-50 cm
Blütengröße: 2-4 mm im Durchmesser
Blattform: rundlich, geteilt, Rand gesägt, lang gestielt

Heilpflanze

J	F	M	A	M	J	J	A	S	O	N	D

Wald-Bingelkraut
Mercurialis perennis

KURZCHECK

Wuchshöhe: 15-30 cm
Blütengröße: 4-5 mm im Durchmesser, Blütenstand ca. 5 cm lang
Blattform: elliptisch bis länglich-eiförmig

J	F	M	A	M	J	J	A	S	O	N	D

Merkmale: Die ausdauernde Pflanze ist recht unauffällig: Sie hat gegenständig angeordnete Blätter an den runden Stängeln und unscheinbar grünliche Blütenstände. Interessant ist die Zweihäusigkeit, d. h. die einen Pflanzen tragen nur männliche Blüten (Blütenstände länger), die anderen nur weibliche (Blütenstände kürzer). Es gibt in Mitteleuropa noch eine weitere Art, das Einjährige Bingelkraut *(Mercurialis annua)*, das stumpf 4-kantige Stängel hat und von Mai bis Oktober blüht. Beide Arten gehören zur Familie der Wolfsmilchgewächse (Euphorbiaceae).

Vorkommen: Das Wald-Bingelkraut findet man in schattigen Mischwäldern mit viel krautigem Bewuchs am Boden. Es tritt meist herdenweise auf. Die Art ist über ganz Mitteleuropa verbreitet, wenn auch gebietsweise lückig. In den Bergen trifft man sie bis in Höhen um 1800 m an.

Wissenswertes: In der Schweiz findet der Name »Ausdauerndes Bingelkraut« Verwendung. Dass es sich um eine mehrjährige Pflanze handelt, lässt sich auch an dem Artnamen »perennis« (= ausdauernd) ablesen.

Tollkirsche
Atropa bella-donna

Merkmale: Die bis 1,50 m hohe, ausladende Staude wirkt wie ein Strauch. Die Blätter werden bis 20 cm lang. Die braun-violetten, glockigen Blüten fallen weniger auf als die glänzend schwarzen Früchte. Diese Früchte sehen leider Kirschen recht ähnlich, und deshalb halten Kinder sie auch leicht dafür. Sie sind aber sehr giftig!

Wuchshöhe: bis 150 cm
Blütengröße: 25-30 mm lang
Blattform: eiförmig, zuge-
    spitzt, ganzrandig

Giftig!
Heilpflanze

KURZCHECK

J	F	M	A	M	J	J	A	S	O	N	D

Vorkommen: Der Tollkirsche begegnet man in Laub- und Mischwäldern auf Kahlschlagflächen, auf Waldlichtungen und an Waldwegen. Die Art ist über Mittel- und Südeuropa verbreitet und bis in rund 1700 m Höhe anzutreffen.

Wissenswertes: Die Tollkirsche gehört zur berühmt-berüchtigten Familie der Nachtschattengewächse (Solanaceae). Zur dieser Gruppe zählen einerseits wichtige Kulturpflanzen wie Kartoffel, Tomate und Tabak, zu ihr gehören aber auch einige der giftigsten Pflanzen unserer Flora: außer der Tollkirsche der Stechapfel *(Datura stramonium)* und das Bilsenkraut *(Hyoscyamus niger)*. Bei Vergiftungen sollte man schnellstens Erbrechen auslösen und das nächstgelegene Krankenhaus aufsuchen!

Große Brennnessel
Urtica dioica

Wuchshöhe: 30-120 cm
Blütengröße: Rispe bis 19 cm lang
Blattform: lang zugespitzt, Rand grob gesägt

Heilpflanze

KURZCHECK

J	F	M	A	M	J	J	A	S	O	N	D

Merkmale: Die Große Brennnessel ist eine zweihäusige Pflanze. Das bedeutet, dass männliche und weibliche Blüten auf verschiedenen Pflanzen stehen. Sie sind in Rispen zusammengefasst. Die Pflanze ist ausdauernd und besitzt einen im Boden kriechenden Wurzelstock. Die nah verwandte Kleine Brennnessel *(Urtica urens)* ist einhäusig. Auch bei dieser Art stehen die unscheinbaren Blüten in Rispen zusammen; die Blütezeit liegt zwischen Mai und September. Beide Arten gehören zur Familie der Brennnesselgewächse (Urticaceae).

Vorkommen: Die Große Brennnessel findet man an Ruderalstellen und in Wäldern von der Ebene bis in etwa 2400 m Höhe – und zwar überall dort, wo besonders viel Stickstoff im Boden vorhanden ist. Ursprünglich auf den Raum Mittel- und Nordeurasien beschränkt, ist sie heute weltweit verbreitet.

Wissenswertes: Botaniker können aus der Anwesenheit bestimmter Arten Rückschlüsse auf den Standort ziehen. Solche Arten nennt man Zeigerpflanzen. Die Große Brennnessel etwa ist ein typischer Stickstoffzeiger.

Großer Sauer-Ampfer
Rumex acetosa

Merkmale: An den Blättern dieses mehrjährigen Ampfers fällt der spieß- oder pfeilförmige Blattgrund auf. Die Spießecken sind abwärts gerichtet. Der lockere Blütenstand erscheint bisweilen ziemlich rötlich. Er wird nicht durch Blätter unterbrochen. Nah verwandt ist der 5-30 cm hohe Kleine Sauer-Ampfer *(Rumex acetosella)*, der mehr auf mageren Rasen vorkommt. Diese Art blüht von Mai bis Juli.

Wuchshöhe: 30-100 cm
Blütengröße: 2-4 mm im Durchmesser
Blattform: eiförmig-länglich

Heilpflanze

KURZCHECK

J	F	M	A	M	J	J	A	S	O	N	D

Vorkommen: Der Große Sauer-Ampfer tritt aspektbildend auf mageren und fetten Wiesen und Weiden, an Bachufern und Wegrändern bis in 2100 m Höhe auf. Er ist über Europa verbreitet.

Wissenswertes: Die Gattung *Rumex* aus der Familie der Knöterichgewächse (Polygonaceae) ist mit knapp 20 Arten nicht leicht zu überschauen, zumal in einer Wiese oder in einer Unkrautflur mehrere Arten vorkommen können. In der Schweiz wird der Große Sauer-Ampfer »Wiesen-Sauerampfer« genannt. Der saure Geschmack der Blätter rührt von der darin enthaltenen Oxalsäure und deren Salzen her. Außerdem enthalten die Blätter Vitamin C.

Gemeiner Beifuß
Artemisia vulgaris

Wuchshöhe: 60–250 cm
Blütengröße: Köpfchen
3–4 mm lang
Blattform: fiederspaltig

Heilpflanze

KURZCHECK

| J | F | M | A | M | J | J | A | S | O | N | D |

Merkmale: Auf den ersten Blick macht der Gemeine Beifuß einen strauchartigen Eindruck. Die stattliche Pflanze hat rötlichbraune Stängel und silbrig erscheinendes Laub mit 3–8 mm breiten Blattabschnitten. Die winzigen, eiförmigen und unscheinbar gefärbten Blütenköpfchen stehen in großen, breitästigen Rispen zusammengefasst. Die Beifuß-Arten gehören zur Familie der Köpfchen- oder Körbchenblütler (Asteraceae).

Vorkommen: Der Gemeine Beifuß wächst an Wegrändern und auf Brachflächen. Man findet ihn aber auch an den Ufern von Gewässern und in Auen. Die Art ist über Europa verbreitet, überall häufig und bis in 1600 m Höhe anzutreffen.

Wissenswertes: Die Pflanze riecht aromatisch – ein erster Hinweis darauf, dass man eine Heilpflanze vor sich hat. Tatsächlich wird sie in der Volksheilkunde als ein den Appetit anregendes und die Verdauung förderndes Mittel benutzt. Bekannter ist der nah verwandte Wermut *(Artemisia absinthium)*, eine alte Gewürz- und Heilpflanze.

Spitz-Wegerich
Plantago lanceolata

Merkmale: Der Spitz-Wegerich hat etwa 15 cm lange, lanzettliche Blätter. Die Blüten stehen in einer Ähre vereinigt, die viel kürzer als der lange Schaft ist. Die Staubfäden sind weißlich-gelblich gefärbt. Ähnlich ist der in Mitteleuropa ebenfalls häufige Mittlere Wegerich *(Plantago media)*. Diese Art hat breit elliptische Blätter, die aber nur kurz gestielt sind, und ihre Blütenähre ist mit ca. 3 cm Länge viel kürzer als der Schaft. Beide Pflanzen gehören zur Familie der Wegerichgewächse (Plantaginaceae).

Wuchshöhe: 15-50 cm
Blütengröße: Einzelblüte 4 mm groß, Ähre 10–40 mm lang
Blattform: lanzettlich

Heilpflanze

KURZCHECK

J	F	M	A	M	J	J	A	S	O	N	D

Vorkommen: Der Spitz-Wegerich gedeiht auf Wiesen und Weiden, auf Äckern und an Wegrändern. Den Mittleren Wegerich findet man in Halbtrockenrasen und auf mageren Wiesen. Beide Arten sind über ganz Mitteleuropa verbreitet. Der Spitz-Wegerich ist bis in rund 1800 m Höhe zu finden.
Wissenswertes: Der Spitz-Wegerich ist eine vielseitig einzusetzende Heilpflanze. Drückt man frische, zerquetschte Blätter oder gepressten Saft auf einen Insektenstich, so wirkt dies abschwellend und lindert den Juckreiz. Ein Tee aus den Blättern ist ein bewährtes Mittel gegen Husten.

Strahllose Kamille
Matricaria discoidea

KURZCHECK

Wuchshöhe: 5–30 cm
Blütengröße: Köpfchen
5–8 mm im Durchmesser
Blattform: fein doppelt fiederteilig

| J | F | M | A | M | J | J | A | S | O | N | D |

Merkmale: Die Pflanze ist kaum zu verwechseln. Sie gehört zur Familie der Köpfchen- oder Körbchenblütler (Asteraceae), ihre Blütenköpfchen weisen aber nur grünlich-gelbe Röhrenblüten auf, keine Zungenblüten. Sie sind kegelförmig und kurz gestielt. Der ästige Stängel wächst aufrecht, ist kahl und dicht mit wechselständig angeordneten Blättern besetzt. Die Blätter sind fein doppelt fiederteilig.

Vorkommen: Die Strahllose Kamille braucht stickstoffhaltigen Boden und besiedelt Brachflächen, Acker- und Wegränder und ähnliche Lebensräume. Die Art ist über Europa verbreitet und tritt bis in Höhen um 1000 m auf.

Wissenswertes: Die häufige Strahllose Kamille ist ein sogenannter Neophyt. Die Art stammt aus dem Nordosten Asiens und hat sich ab 1852 vom Botanischen Garten Berlin aus schnell über ganz Deutschland ausgebreitet, vor allem entlang der Schienenwege. Auch wenn sie den typischen Kamillenduft verströmt, ist die Strahllose Kamille kein Ersatz für die Echte Kamille (*Matricaria recutita*, siehe S. 42), das »Allheilmittel« in der Pflanzenmedizin.

Breitblättriger Rohrkolben
Typha latifolia

Merkmale: Der Breitblättrige Rohrkolben hat 1–2 cm breite, blaugrüne Blätter. Auffällig ist der »Kolben«, der Blütenstand. Der untere Teil, der die weiblichen Blüten enthält, ist genauso lang wie der obere Teil mit den männlichen Blüten. Der recht ähnliche Schmalblättrige Rohrkolben *(Typha angustifolia)* hat bis 1 cm breite, grasgrüne Blätter, und die männlichen Blüten sind von den weiblichen deutlich abgesetzt. Beide Arten gehören zur Familie der Rohrkolbengewächse (Typhaceae).

Vorkommen: Der Breitblättrige Rohrkolben wächst in der Verlandungszone stehender Gewässer und bevorzugt nährstoffreiche Standorte. Die Vorkommen liegen nicht höher als etwa 900 m. Die Art ist über weite Teile der Nordhalbkugel verbreitet.

Wissenswertes: Bei den Rohrkolben erfolgt die Bestäubung durch den Wind. Auch die mit langen Flughaaren versehenen Früchte werden vom Wind verbreitet. Die Kolben wurden früher zum Putzen der Glaszylinder von Petroleumlampen verwendet (daher der volkstümliche Name »Lampenputzer«!).

KURZCHECK

Wuchshöhe: 100–200 cm
Blütengröße: männlicher Kolben 10–20 cm lang und 15–22 mm dick, weiblicher Kolben etwa ebenso lang, aber schmaler
Blattform: bandförmig

J	F	M	A	M	J	J	A	S	O	N	D

166

Schwimmendes Laichkraut
Potamogeton natans

KURZCHECK

Wuchshöhe: Schwimmblatt-
   pflanze
Blütengröße: Blütenstand
   4–5 cm lang
Blattform: eiförmig bis länglich

| J | F | M | A | M | J | J | A | S | O | N | D |

Merkmale: Das Schwimmende Laichkraut hat bis 12 cm lange Schwimmblätter mit herzförmigem Grund. Die grünlichen Blüten sind in einer Ähre zusammengefasst, die aus dem Wasser herausragt. Die Gattung *Potamogeton* ist in Mitteleuropa mit rund 20 Arten vertreten, und manche bilden untereinander Bastarde. Die Bestimmung der Laichkräuter ist deshalb nicht ganz leicht. Sie gehören zur Familie der Laichkrautgewächse (Potamogetonaceae).

Vorkommen: Das Schwimmende Laichkraut ist über die gemäßigten und subtropischen Zonen beider Halbkugeln verbreitet. In Mitteleuropa kommt es in stehenden und langsam fließenden Gewässern (bis 1500 m Höhe) recht häufig vor.

Wissenswertes: Laichkräuter sind charakteristisch für die Übergangszone zwischen den Schwimmblatt- und den Unterwasserpflanzen. Einige Arten gehören noch mit Seerosen und Teichrosen in die eine Zone, andere Arten sind typisch für die seewärts folgende Zone und leben untergetaucht.

167

Einbeere
Paris quadrifolium

Merkmale: Die Einbeere ist eine Einkeimblättrige Pflanze aus der Familie der Liliengewächse (Liliaceae). Sie überwintert mit einem Wurzelstock, aus dem der Stängel emporwächst. Er trägt oben einen Quirl aus meist 4 – seltener aus 3 oder 5 – waagerecht abstehenden Blättern. Diese weisen eine Netznervatur auf, was eine Ausnahme unter den Liliengewächsen darstellt. Im Mai erscheint oberhalb des Blattquirls die unscheinbare Blüte. Im Juli/August ist die glänzend blauschwarze Frucht reif.

KURZCHECK

Wuchshöhe: bis 40 cm
Blütengröße: 20-40 mm im Durchmesser
Blattform: breit-oval

Giftig!
Heilpflanze

J	F	M	A	M	J	J	A	S	O	N	D

Vorkommen: Die Einbeere wächst in feuchten, schattigen Laub- und Mischwäldern. Sie ist über fast ganz Europa und das westliche Asien bis in Höhen um 2000 m verbreitet.

Wissenswertes: Die Pflanze wird in der Schweiz – präziser als in Deutschland – »Vierblättrige Einbeere« genannt. Dass sie 4 Blätter hat, geht auch aus dem wissenschaftlichen Artnamen »quadrifolium« hervor. Die Einbeere ist giftig! Nimmt man aus Versehen einige Beeren zu sich, können Kopfschmerzen, Schwindel und Magen-Darm-Beschwerden auftreten.

Gefleckter Aronstab
Arum maculatum

KURZCHECK

Wuchshöhe: 15-50 cm
Blütengröße: Blütenscheide
  bis 20 cm lang
Blattform: breit-pfeilförmig

Giftig!
Heilpflanze

J F M A M J J A S O N D

Merkmale: Der Aronstab gehört zur Familie der Aronstabgewächse (Araceae). Zwischen den Blättern erscheint im Frühling die weißlich-grüne, tütenförmige Blütenscheide. Wenn diese sich öffnet, wird im Inneren der bräunlich-rote Endabschnitt des Blütenkolbens sichtbar. Die Scheide ist am unteren Ende bauchig erweitert und hüllt die Blüten ein. Nach der Blüte entwickeln sich an dem Kolben anfangs grüne, in reifem Zustand glänzend rote, giftige Früchte (Beeren).

Vorkommen: Der Aronstab wächst auf frischen, nährstoffreichen Lehm- und Tonböden. Er kommt in krautreichen Laub- und Mischwäldern und in Auenwäldern vor und ist über weite Teile Europas verbreitet (Ebene bis etwa 1000 m).

Wissenswertes: Am unteren Ende der Blütenscheide stehen sterile Hindernisblüten. Nach unten folgen die männlichen und dann die weiblichen Blüten. Vom Aasgeruch der Blüten angelockte Insekten können die »Kesselfalle« erst wieder verlassen, wenn die Bestäubung erfolgt ist.

Weiterführende Literatur

Aichele, Dietmar, und Heinz-Werner Schwegler (2004): Die Blütenpflanzen Mitteleuropas. Kosmos Verlag, Stuttgart.

Altmann, Horst (2009): Giftpflanzen und Gifttiere. BLV Buchverlag, München.

Binz, August, und Christian Heitz (1990): Schul- und Exkursionsflora für die Schweiz - Bestimmungsbuch für die wildwachsenden Gefässpflanzen. Verlag Schwabe, Basel.

Blamey, Marjorie, und Christopher Grey-Wilson (2008): Die Kosmos Enzyklopädie der Blütenpflanzen. Kosmos Verlag, Stuttgart.

Bocksch, Manfred (2007): Das praktische Buch der Heilpflanzen. BLV Buchverlag, München.

Fischer, Manfred A., Karl Oswald und Wolfgang Adler (2008): Exkursionsflora für Österreich, Liechtenstein und Südtirol. Oberösterreichisches Landesmuseum, Linz.

Lauber, Konrad, und Gerhart Wagner (2007): Flora Helvetica. Haupt Verlag, Bern.

Schauer, Thomas, und Claus Caspari (2008): Der BLV Pflanzenführer für unterwegs. BLV Buchverlag, München.

Scherf, Gertrud (2007): Die geheimnisvolle Welt der Zauberpflanzen und Hexenkräuter. BLV Buchverlag, München.

Schmeil, Otto, und Jost Fitschen / bearb. v. Karlheinz Senghas und Siegmund Seybold (2009): Flora von Deutschland und angrenzender Länder. Quelle & Meyer Verlag, Wiebelsheim.

Spohn, Margot und Roland, Marianne Golte-Bechtle und Dietmar Aichele (2008): Was blüht denn da? Kosmos Verlag, Stuttgart.

Weiterführende Web-Adressen

www.bafu.admin.ch (Bundesamt für Umwelt BAFU / Schweiz)

www.bfn.de und www.floraweb.de (Bundesamt für Naturschutz / Deutschland)

www.bund.net (Bund für Umwelt und Naturschutz Deutschland)

www.nabu.de (Naturschutzbund Deutschland e. V.)

www.naturschutz.at (Informationen zum Naturschutz in Österreich, betreut vom Umweltbundesamt Österreich)

www.naturschutz.ch (Schweizer Portal für Natur- und Umweltschutz)

www.pflanzenbestimmung.de (ein Portal zum Thema Botanik)

www.pronatura.ch (Pro Natura / Schweiz)

www.umweltbundesamt.at (Umweltbundesamt Österreich)

www.umweltbundesamt.com (Umweltbundesamt Deutschland und Umweltbundesamt Österreich)

Stichwortverzeichnis

Über den Autor

Dr. Eckart Pott ist Biologe, Naturfotograf und Autor. Er hat zahlreiche Zeitschriftenartikel und Bücher zum Themenkomplex Biologie/Natur/Fotografie verfasst, die in mehreren Sprachen erschienen sind. Ein besonderes Anliegen ist ihm dabei die Darstellung und Vermittlung ökologischer Zusammenhänge. Sein umfangreiches Bildarchiv wird durch jährliche Reisen in die verschiedenen Lebensräume der Erde ständig erweitert und aktualisiert.

Bibliografische Information der Deutschen Nationalbibliothek

Die Deutsche Nationalbibliothek verzeichnet diese Publikation in der Deutschen Nationalbibliografie; detaillierte bibliografische Daten sind im Internet über http://dnb.d-nb.de abrufbar.

BLV Buchverlag GmbH & Co. KG
80797 München

© 2010 BLV Buchverlag GmbH & Co. KG, München

Umschlagfotos:
    Vorderseite: Blickwinkel/F. Poelking
    Rückseite: E. Pott

Lektorat: Dr. Friedrich Kögel,
    Dr. Eva Dempewolf
Herstellung: Angelika Tröger
Layoutkonzept Innenteil:
    Hermann Maxant
DTP: Satz+Layout Peter Fruth GmbH,
    München

Gedruckt auf chlorfrei gebleichtem Papier

Printed in Italy
ISBN 978-3-8354-0623-0

Bildnachweis:
Alle Fotos von Dr. Eckart Pott, außer:
Eisenbeiss: 17l (2.v.o.), 18r (2.v.o.),
    22m (3.v.o.), 25l (2.v.o.), 79, 161
Eisenreich: 20m (3.v.o.), 23m (3.v.o.),
    105, 141
Pforr: 19ur, 17m (3.v.o.), 21l (2.v.o.),
    21ur, 22or, 22um, 69, 78, 97, 111,
    113, 121, 124, 132, 156
Reinhard: 14om, 15l (3.v.o.), 15m
    (3.v.o.), 19m (2.v.o.), 25ur, 27, 30, 44,
    55, 61, 90, 93, 129, 130, 153, 164,
    165, 169
Willner: 14l (3.v.o.), 18r (3.v.o.), 21ul,
    21um, 24ul, 25or, 25r (2.v.o.), 32, 34,
    35, 82, 119, 120, 155, 160, 163
Zeininger: 14r (3.v.o.), 21or, 22ul, 23om,
    23or, 24l (2.v.o.), 24r (3.v.o.), 25m
    (2.v.o.), 65, 112, 131, 135, 136, 149,
    154, 162